Ps

U0333106

中文版
Photoshop CS6图像处理
入门与提高

时代印象 TIMES IMPRESSION　宋丽颖 编著

人民邮电出版社
北　京

图书在版编目（CIP）数据

中文版Photoshop CS6图像处理入门与提高 / 宋丽颖
编著. -- 北京 : 人民邮电出版社, 2013.9
ISBN 978-7-115-32702-4

Ⅰ. ①中… Ⅱ. ①宋… Ⅲ. ①图象处理软件 Ⅳ.
①TP391.41

中国版本图书馆CIP数据核字(2013)第175897号

内 容 提 要

这是一本全面介绍如何使用 Photoshop CS6 制作各种图像特效的书。本书完全针对零基础读者而编写，是入门级读者快速而全面掌握特效制作的必备参考书。

本书共 8 章，结合大量的实际项目实例，全面而深入地阐述了 Photoshop CS6 在按钮特效、文字特效、绘画特效、质感表现特效、抽象与创意特效、特效与照片合成、鼠绘特效，以及系列特效中的运用方法。

本书讲解模式新颖，非常符合读者学习新知识的思维习惯。本书附带 1 张 DVD 教学光盘，内容包括本书所有实例的源文件和素材文件，以及赠送的 PPT 教学课件。

本书非常适合作为初、中级读者学习特效制作的入门及提高参考书，尤其是零基础读者，同时也可作为相关院校和培训机构的教材。另外，本书所有内容均采用 Photoshop CS6 进行编写，请读者注意。

♦　编　　著　时代印象　宋丽颖
　　责任编辑　孟飞飞
　　责任印制　方　航

♦　人民邮电出版社出版发行　　北京市崇文区夕照寺街 14 号
　　邮编　100061　　电子邮件　315@ptpress.com.cn
　　网址　http://www.ptpress.com.cn
　　北京画中画印刷有限公司印刷

♦　开本：787×1092　1/16
　　印张：17.5　　　　　　　　彩插：4
　　字数：618 千字　　　　　　2013 年 9 月第 1 版
　　印数：1- 4 000 册　　　　　2013 年 9 月北京第 1 次印刷

定价：49.80 元（附光盘）
读者服务热线：**(010)67132692**　印装质量热线：**(010)67129223**
反盗版热线：**(010)67171154**
广告经营许可证：京崇工商广字第 0021 号

6.4 实例名称：梦想青春
实例位置：光盘>实例文件>CH06>6.4

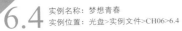

6.1 实例名称：迷幻特效
实例位置：光盘>实例文件>CH06>6.1

6.2 实例名称：神秘舞会
实例位置：光盘>实例文件>CH06>6.2

6.3 实例名称：随心舞动
实例位置：光盘>实例文件>CH06>6.3

6.5 实例名称：炫光舞台
实例位置：光盘>实例文件>CH06>6.5

5.1 实例名称：激光辐射特效
实例位置：光盘>实例文件>CH05>5.1

5.2 实例名称：立体晶格特效
实例位置：光盘>实例文件>CH05>5.2

6.6　实例名称：飘散艺术
　　实例位置：光盘>实例文件>CH06>6.6

8.1　实例名称：裂
　　实例位置：光盘>实例文件>CH08>8.1

8.2　实例名称：火
　　实例位置：光盘>实例文件>CH08>8.2

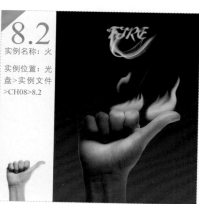

8.3　实例名称：电
　　实例位置：光盘>实例文件>CH08>8.3

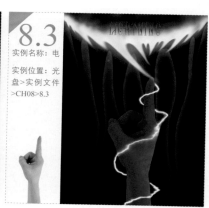

5.3　实例名称：液态玻璃特效
　　实例位置：光盘>实例文件>CH05>5.3

5.4　实例名称：立体管道特效
　　实例位置：光盘>实例文件>CH05>5.4

5.5　实例名称：迷幻深邃洞穴
　　实例位置：光盘>实例文件>CH05>5.5

5.6 实例名称：超酷炫彩特效
实例位置：光盘>实例文件>CH05>5.6

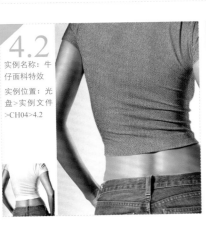

4.2 实例名称：牛仔面料特效
实例位置：光盘>实例文件>CH04>4.2

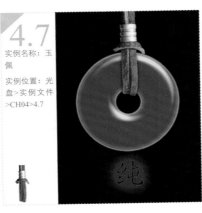

4.7 实例名称：玉佩
实例位置：光盘>实例文件>CH04>4.7

4.18 实例名称：火焰与火焰文字
实例位置：光盘>实例文件>CH04>4.18

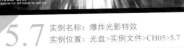

5.7 实例名称：爆炸光影特效
实例位置：光盘>实例文件>CH05>5.7

5.9 实例名称：梦幻发光特效
实例位置：光盘>实例文件>CH05>5.9

4.14 实例名称：烟花
实例位置：光盘>实例文件>CH04>4.14

5.8　实例名称：彩色玻璃网特效
　　实例位置：光盘>实例文件>CH05>5.8

2.1
实例名称：放
射文字特效
实例位置：光
盘>实例文件
>CH02>2.1

2.5
实例名称：草
编文字特效
实例位置：光
盘>实例文件
>CH02>2.5

2.6
实例名称：卡
通文字特效
实例位置：光
盘>实例文件
>CH02>2.6

2.2　实例名称：彩点文字特效
　　实例位置：光盘>实例文件>CH02>2.2

2.7　实例名称：玻璃文字特效
　　实例位置：光盘>实例文件>CH02>2.7

2.9　实例名称：积木文字特效
　　实例位置：光盘>实例文件>CH02>2.9

CBG

photo shop 2013 design

Glare
Playgourd

5.10 实例名称：炫光特效
实例位置：光盘>实例文件>CH05>5.10

7.4 实例名称：口
红
实例位置：光
盘>实例文件
>CH07>7.4

7.2 实例名称：运
动手表
实例位置：光
盘>实例文件
>CH07>7.2

第1章 各种按钮特效
制作
实例位置：光
盘>实例文件
>CH01

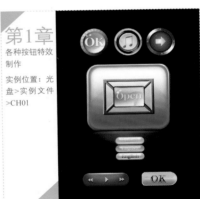

7.3 实例名称：智能手机
实例位置：光盘>实例文件>CH07>7.3

4.11 实例名称：霓虹灯
实例位置：光盘>实例文件>CH04>4.11

4.13 实例名称：海底世界
实例位置：光盘>实例文件>CH04>4.13

3.7 实例名称：版画特效
实例位置：光盘>实例文件>CH03>3.7

3.9 实例名称：粉笔画特效
实例位置：光盘>实例文件>CH03>3.9

3.3 实例名称：水墨画
实例位置：光盘>实例文件>CH03>3.3

3.11 实例名称：风景水彩画特效
实例位置：光盘>实例文件>CH03>3.11

3.4 实例名称：钢笔淡彩特效
实例位置：光盘>实例文件>CH03>3.4

3.10 实例名称：风景油画特效
实例位置：光盘>实例文件>CH03>3.10

3.13 实例名称：钢笔淡彩风景画特效
实例位置：光盘>实例文件>CH03>3.13

Photoshop作为Adobe公司旗下最出名的图像处理软件，也是当今世界上用户群最多的平面设计软件，其功能强大到了令人瞠目结舌的地步，能制作出各种各样的绚丽特效。

本书共8章，分别介绍如下。

第1章为"按钮特效"。本章以7个实例详细介绍了常见按钮特效的制作思路以及相关技巧，如水晶按钮、图标按钮、信箱按钮、金属按钮和玻璃按钮等。另外，本章安排了两个课后练习。

第2章为"文字特效"。本章以10个实例详细介绍了常见文字特效的制作思路及相关技巧，如放射文字、彩点文字、嫩滑文字、炫酷文字、草编文字、卡通文字和玻璃文字等。另外，本章安排了两个课后练习。

第3章为"绘画特效"。 本章以10个实例详细介绍了常见绘画特效的制作思路及相关技巧，如水彩画、油画、水墨画、钢笔画、铅笔画、水粉画、版画、卡通插画等。另外，本章安排了4个课后练习。

第4章为"质感表现特效"。 本章以15个实例详细介绍了常见质感特效的制作思路及相关技巧，如木材、牛仔布料、皮革、珍珠、巧克力、琥珀、玉佩、豹纹、羽毛、轻烟、霓虹灯、雨雪等。另外，本章安排了3个课后练习。

第5章为"抽象与创意特效"。 本章以7个实例详细介绍了抽象特效的制作思路及相关技巧，如激光辐射、立体晶格、液态玻璃、立体管道、深邃洞穴、爆炸光影等。另外，本章安排了3个课后练习。

第6章为"特效与照片合成"。 本章以4个实例详细介绍了照片与特效合成的制作思路及相关技巧，如迷幻、神秘舞会、随心舞动、梦想青春等。另外，本章安排了两个课后练习。

第7章为"鼠绘特效"。 本章以两个实例详细介绍了常见物品特效的制作思路及相关技巧，如ZIPPO打火机、运动手表等。另外，本章安排了两个课后练习。

第8章为"系列特效"。 本章以3个实例详细介绍了"手"系列特效的制作思路及相关技巧，如裂、火、电等。另外，本章安排了1个课后练习。

本书附带1张DVD教学光盘，内容包含本书所有实例的源文件和素材文件。在学习技术的过程中会碰到一些难解的问题，我们衷心地希望能够为广大读者提供力所能及的阅读服务，尽可能地帮大家解决实际问题，如果大家在学习过程中需要我们的帮助，请通过以下方式与我们联系，我们将尽力解答。

客服/投稿QQ：996671731

客服邮箱：iTimes@126.com

祝您在学习的道路上百尺竿头，更上一层楼！

时代印象

2013年8月

目 录

第3章 绘画特效表现 ………… 76

第4章 质感表现特效......98

第5章 抽象与创意特效..166

第6章 特效与照片合成......204

第7章 鼠绘特效......224

第8章 系列特效....................258

第1章

特效按钮

 本章导读

在网络世界中，按钮是一种相当重要的交流途径。为了满足人们日益提高的审美情趣，简单的文字按钮效果已经略显简单，这样就促使网页制作人员必须精益求精，设计绘制出风格各异的按钮。

Learning Objectives

 水晶按钮的制作方法

 金属边框按钮的制作方法

 导航按钮的制作方法

1.1　圆形水晶按钮

本例设计的圆形水晶按钮效果。

实例位置：光盘>实例文件>CH01>1.1.psd
难易指数：★★☆☆☆
技术掌握：掌握圆形水晶按钮的设计思路与方法

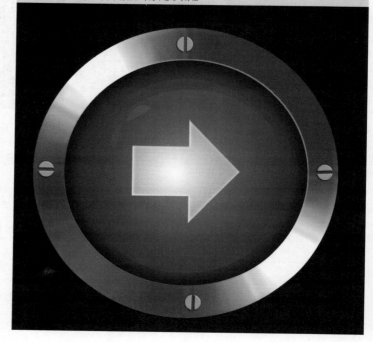

1.1.1　制作水晶质感

01 启动Photoshop CS6，按Ctrl+N组合键新建一个"圆形水晶按钮"文件，具体参数设置如图1-1所示。

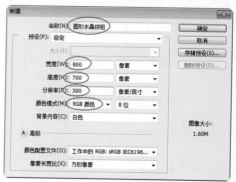

图1-1

02 按D键还原前景色和背景色，然后用黑色填充"背景"图层，接着使用"椭圆工具" 在绘图区域中绘制出如图1-2所示的椭圆路径。

03 新建一个图层，然后设置前景色为红色（R:225，G: 9，B:10），接着按Ctrl+Enter组合键载入上一步绘制的椭圆路径选区，最后按Alt+Delete组合键用前景色填充选区，如图1-3所示。

图1-2　　　　　　　　　　　　图1-3

04 执行"图层>图层样式>斜面和浮雕"菜单命令，打开"图层样式"对话框，然后设置"样式"为"枕状浮雕"、"方法"为"雕刻清晰"、"深度"为1000%、"大小"为0像素，如图1-4所示，效果如图1-5所示。

图1-4　　　　　　　　　　　　图1-5

05 在"图层样式"对话框中单击"内阴影"样式，然后设置"距离"为0像素、"阻塞"为37%、"大小"为38像素，如图1-6所示，效果如图1-7所示。

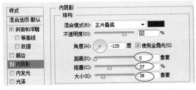

图1-6　　　　　　　　　　　　图1-7

06 在"图层样式"对话框中单击"渐变叠加"样式，然后单击"点可按编辑渐变"按钮 ，接着在弹出的"渐变编辑器"对话框中设置第1个色标的颜色为（R:255, G:0, B:0）、第2个色标的颜色为（R:94, G:20, B:20），如图1-8所示，最后返回到"图层样式"对话框中设置"样式"为"径向"，如图1-9所示，效果如图1-10所示。

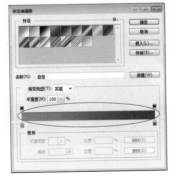

图1-8

 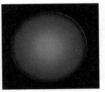

图1-9　　　　　　　　　　　　图1-10

07 在"图层样式"对话框中单击"外发光"样式，然后设置"不透明度"为25%，发光颜色为（R:207, G:0, B:0）、"大小"为11像素，具体参数设置如图1-11所示，效果如图1-12所示。

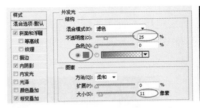 

图1-11　　　　　　　　　　　　图1-12

08 在"图层样式"对话框中单击"投影"样式，然后设置"混合模式"为"滤色"，如图1-13所示，效果如图1-14所示。

图1-13　　　　　　　　　　　　图1-14

09 使用"钢笔工具" 在绘图区域中绘制出如图1-15所示的路径，然后新建一个图层，接着按Ctrl+Enter组合键将路径变为选区，最后使用白色填充选区，并设置该图层的"不透明度"为10%，效果如图1-16所示。

10 新建一个图层，然后使用"椭圆选框工具" 在绘图区域中绘制出如图1-17所示的椭圆选区，接着使用白色填充选区。

图1-15　　　　　　图1-16　　　　　　图1-17

11 单击"图层"面板下面的"添加图层蒙版"按钮 ，为该图层添加一个图层蒙版，然后使用"渐变工具" 在蒙版中从上往下填充黑色到白色的线性渐变，如图1-18所示，最后设置该图层的"不透明度"为10%，此时的蒙版效果如图1-19所示。

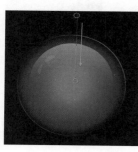

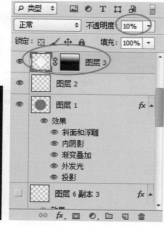

图1-18　　　　　　　　　　　　　　　图1-19

[12] 新建一个图层，然后使用"椭圆选框工具" 在绘图区域中绘制出如图1-20所示的椭圆选区，接着使用白色填充选区。

图1-20

[13] 单击"图层"面板下面的"添加图层蒙版"按钮 ，为该图层添加一个图层蒙版，然后使用"渐变工具" 在蒙版中从上往下填充黑色到白色的线性渐变，如图1-21所示，最后设置该图层的"不透明度"为10%，效果如图1-22所示。

[14] 确定"图层4"为当前图层，然后按Ctrl+J组合键复制一个副本图形，接着执行"编辑>变换>垂直变化"菜单命令，效果如图1-23所示。

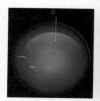  

图1-21　　　　　图1-22　　　　　图1-23

1.1.2 制作金属立体效果

[01] 在"背景"图层上方新建一个"图层5"图层，然后使用"椭圆选框工具" 在绘图区域中绘制出一个合适的椭圆选区，接着使用白色填充选区，效果如图1-24所示。

图1-24

[02] 执行"图层>图层样式>斜面和浮雕"菜单命令，打开"图层样式"对话框，然后设置"方法"为"雕刻清晰"、"深度"为470%、"大小"为188像素、"软化"为12像素、"光泽等高线"为"环形"，具体参数设置如图1-25所示，效果如图1-26所示。

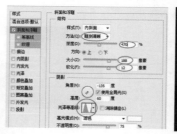 

图1-25　　　　　　　　　　　　图1-26

[03] 在"图层5"的上方新建一个图层，然后使用"椭圆选框工具" 在绘图区域绘制出一个如图1-27所示的椭圆选区，然后设置前景色为（R:45，G:45，B:45），最后按Alt+Delete组合键用前景色填充选区，效果如图1-28所示。

图1-27　　　　　　　　　　　　图1-28

[04] 使用"矩形选框工具" 在绘图区域绘制出一个如图1-29所示的矩形选区，然后按Delete键删除选区里的像素，效果如图1-30所示。

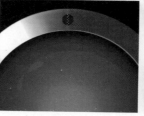 

图1-29　　　　　　　　　　　　图1-30

[05] 执行"图层>图层样式>斜面和浮雕"菜单命令，打

开"图层样式"对话框，然后设置"方向"为"下"，"大小"为1像素、"光泽等高线"为"半圆"，具体参数设置如图1-31所示，效果如图1-32所示。

图1-31　　　　　　　　　　图1-32

06 在"图层样式"对话框中单击"投影"样式，然后设置"不透明度"为79%、"距离"为0像素，如图1-33所示，效果如图1-34所示。

图1-33　　　　　　　　　　图1-34

07 按Ctrl+J组合键复制出3个副本图层，然后调整好位置，如图1-35所示。

图1-35

1.1.3 制作图案效果

01 选择"自定形状工具"，然后在选项栏中单击"形状图层"按钮，接着选择"形状"右侧的"点按可打开自定形状拾色器"按钮，选择"箭头9"图形，如图1-36所示，最后在绘图区域中绘制出如图1-37所示的图形。

图1-36　　　　　　　　　　图1-37

02 新建一个图层，然后按Ctrl+Enter组合键将路径变为选区，接着选择"渐变工具"，并单击选项栏中的"点可按编辑渐变"按钮，接着在弹出的"渐变编辑器"对话框中设置第1个色标颜色为（R:255，G:189，B:73）、第2个色标颜色为白色，如图1-38所示，最后按照如图1-39所示的方向为选区填充径向渐变。

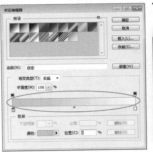
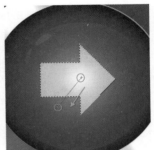

图1-38　　　　　　　　　　图1-39

03 按Ctrl+D组合键取消选区，然后执行"图层>图层样式>斜面和浮雕"菜单命令，打开"图层样式"对话框，为"箭头"图层添加一个系统默认的"斜面和浮雕"样式；在"图层样式"对话框中单击"内发光"样式，然后为其添加一个系统默认的"内发光"样式，最终效果如图1-40所示。

图1-40

1.2 圆形图标按钮

本例设计的圆形图标按钮效果。

实例位置：光盘>实例文件>CH01>1.2.psd
难易指数：★★☆☆☆
技术掌握：掌握圆形图标按钮的设计思路与方法

1.2.1 制作金属边框

01 启动Photoshop CS6，按Ctrl+N组合键新建一个"圆形图标按钮"文件，具体参数设置如图1-41所示。

02 新建一个图层，然后使用"椭圆选框工具" ◯ 在绘图区域绘制出一个合适的椭圆选区，接着设置前景色为（R:91，G:91，B:91），最后按Alt+Delete组合键用前景色填充选区，完成后按Ctrl+D组合键取消选区，效果如图1-42所示。

图1-41　　　　　　　图1-42

03 执行"图层>图层样式>投影"菜单命令，打开"图层样式"对话框，然后设置"不透明度"60%、"距离"为5像素、"大小"为7像素，具体参数设置如图1-43所示，效果如图1-44所示。

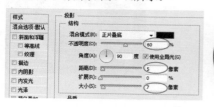

图1-43　　　　　　　图1-44

04 在"图层样式"对话框中单击"渐变叠加"样式，然后单击"点可按编辑渐变"按钮 ，接着在弹出的"渐变编辑器"对话框中设置第1个色标的颜色为（R:120，G:120，B:120）、第2个色标的颜色为（R:200，G:200，B:200），如图1-45和图1-46所示，效果如图1-47所示。

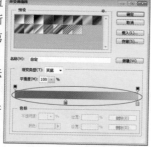

图1-45

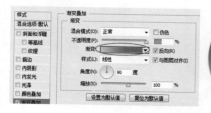

图1-46　　　　　　　图1-47

05 按Ctrl键载入"图层1"选区，然后执行"选择>修改>收缩"菜单命令，并在弹出的"收缩选区"对话框中设置"收

缩量"为2像素，如图1-48所示，效果如图1-49所示。

图1-48　　　　　　　图1-49

06 选择"椭圆选框工具" ◯ ，然后在选项栏中选择"与选区交叉"按钮 ，如图1-50所示，接着在绘图区域中绘制出一个合适的椭圆选区，两区交叉后效果如图1-51所示。

图1-50　　　　　　　图1-51

07 新建一个图层，然后用白色填充选区，接着设置图层的"不透明度"为55%，效果如图1-52所示。

08 新建一个图层，然后使用"椭圆选框工具" ◯ 在绘图区域绘制出一个合适的椭圆选区，接着用黑色填充选区，最后按Ctrl+D组合键取消选区，效果如图1-53所示。

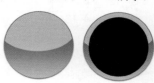

图1-52　　　　　　　图1-53

09 按Ctrl键载入"图层4"选区，然后执行"选择>修改>收缩"菜单命令，并在弹出的"收缩选区"对话框中设置"收缩量"为1像素，如图1-54所示，效果如图1-55所示。

图1-54　　　　　　　图1-55

10 新建一个图层，然后选择"渐变工具" ，并单击选项栏中的"点可按编辑渐变"按钮 ，接着在弹出的"渐变编辑器"对话框中设置"白色到透明渐变色"，如图1-56所示，最后按照如图1-57所示的方向为选区填充对称渐变。

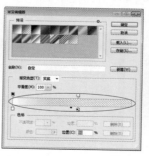

图1-56　　　　　　　图1-57

11 设置"图层4"的"不透明度"为55%，效果如图1-58所示。

图1-58

12 执行"选择>修改>收缩"菜单命令，然后在弹出的"收缩选区"对话框中设置"收缩量"为25像素，如图1-59所示，接着按Delete键将选区内的像素删除，效果如图1-60所示。

图1-59　　　　图1-60

13 保持选区状态，然后新建一个图层，接着执行"选择>修改>收缩"菜单命令，并在弹出的"收缩选区"对话框中设置"收缩量"为2像素，如图1-61所示，最后使用白色填充选区，效果如图1-62所示。

图1-61　　　　图1-62

14 执行"图层>图层样式>渐变叠加"菜单命令，然后单击"点可按编辑渐变"按钮，接着在弹出的"渐变编辑器"对话框中设置第1个色标的颜色为（R:91，G:91，B:91）、第2个色标的颜色为黑色，如图1-63和图1-64所示，效果如图1-65所示。

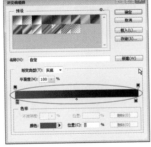

图1-63

图1-64　　　　图1-65

15 在"图层样式"对话框中单击"描边"样式，然后设置"大小"为2像素、"填充类型"为"渐变"，接着单击"点可按编辑渐变"按钮，并在弹出的"渐变编辑器"对话框中设置第1个色标的颜色为（R:120，G:120，B:120）、第2个色标的颜色为黑色，如图1-66和图1-67所示，效果如图1-68所示。

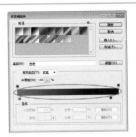

图1-66

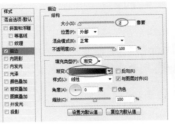

图1-67　　　　图1-68

1.2.2 制作金属立体效果

01 新建一个图层，然后使用"椭圆选框工具"在绘图区域绘制出一个合适的椭圆选区，接着设置前景色为（R:255，G:236，B:78），最后按Alt+Delete组合键用前景色填充选区，完成后按Ctrl+D组合键取消选区，效果如图1-69所示。

图1-69

02 执行"图层>图层样式>投影"菜单命令，打开"图层样式"对话框，然后设置"角度"为110度、"距离"为12像素，具体参数设置如图1-70所示，效果如图1-71所示。

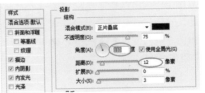

图1-70　　　　图1-71

03 在"图层样式"对话框中单击"外发光"样式，然后设置发光颜色为（R:239，G:250，B:238），具体参数设置如图1-72所示，效果如图1-73所示。

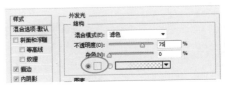

图1-72　　　　图1-73

04 在"图层样式"对话框中单击"斜面与浮雕"样

式，然后设置"样式"为"枕状浮雕"、"深度"为256%、"大小"为29像素、"软化"为10像素，具体参数设置如图1-74所示，效果如图1-75所示。

图1-74　　　　　　图1-75

05　在"图层样式"对话框中单击"描边"样式，然后设置"位置"为"内部"、"填充类型"为"渐变"，接着单击"点可按编辑渐变"按钮，并在弹出的"渐变编辑器"对话框中设置第1个色标的颜色为（R:221，G:156，B:23）、第2个色标的颜色为（R:225，G:212，B:15），如图1-76和图1-77所示，效果如图1-78所示。

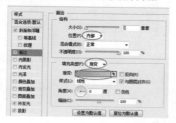

图1-76

 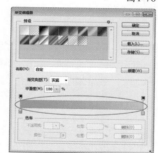

图1-77　　　　　　图1-78

06　在"图层样式"对话框中单击"渐变叠加"样式，然后单击"点可按编辑渐变"按钮，接着在弹出的"渐变编辑器"对话框中设置第1个色标的颜色为（R:255，G:236，B:78）、第2个色标的颜色为（R:221，G:135，B:19），如图1-79和图1-80所示，效果如图1-81所示。

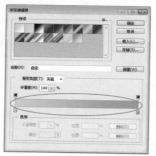

图1-79

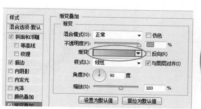 

图1-80　　　　　　图1-81

07　载入"图层6"选区，然后执行"选择>修改>收缩"菜单命令，并在弹出的"收缩选区"对话框中设置"收缩量"为10像素，如图1-82所示，效果如图1-83所示。

图1-82　　　　　　图1-83

08　新建一个图层，然后使用白色填充选区，接着单击"图层"面板下面的"添加图层蒙版"按钮，为该图层添加一个图层蒙版，最后使用"渐变工具"在蒙版中从上往下填充黑色到白色的线性渐变，如图1-84所示，并设置该图层的"混合模式"为"叠加"，效果如图1-85所示。

图1-84　　　　　　图1-85

09　使用"椭圆选框工具"在绘图区域绘制出一个合适的椭圆选区，然后用白色填充选区，接着按Ctrl+D组合键取消选区，效果如图1-86所示。

图1-86

10　执行"滤镜>模糊>高斯模糊"菜单命令，然后在弹出的"高斯模糊"对话框中设置"半径"为35像素，如图1-87所示，效果如图1-88所示。

图1-87　　　　　　图1-88

⑪ 载入"图层6"选区，然后选择"椭圆选框工具"◯，接着在选项栏中选择"与选区交叉"按钮◉，最后在绘图区域中绘制出一个合适的椭圆选区，两区交叉后效果如图1-89所示。

⑫ 新建一个图层，然后用白色填充选区，接着设置该图层的"不透明度"为27%，效果如图1-90所示。

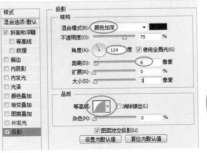

图1-94　　　　　　图1-95

图1-89　　　　　　图1-90

图1-96　　　　　　图1-97

1.2.3 制作音符特效

① 选择"自定形状工具"▱，然后在选项栏中单击"形状图层"按钮 形状，接着选择"形状"右侧的"点按可打开自定形状拾色器"按钮，选择"八分音符"图形，如图1-91所示，最后在绘图区域中绘制出如图1-92所示的图形。

图1-91　　　　　　图1-92

② 新建一个图层，然后按Ctrl+Enter组合键将路径变为选区，接着设置前景色为（R:170，G:92，B:2），最后按Alt+Delete组合键用前景色填充选区，效果如图1-93所示。

图1-93

③ 执行"图层>图层样式>斜面和浮雕"菜单命令，打开"图层样式"对话框，然后设置"深度"为134%、"大小"为8像素，具体参数设置如图1-94所示，效果如图1-95所示。

④ 在"图层样式"对话框中单击"内阴影"样式，然后设置"混合模式"为"颜色加深"、"角度"为114度、"距离"为6像素、"等高线"为"半圆"，具体参数设置如图1-96所示，最终效果如图1-97所示。

1.3 信箱按钮特效

本例设计的信箱按钮效果。

实例位置：光盘>实例文件>CH01>1.3.psd
难易指数：★★☆☆☆
技术掌握：掌握信箱按钮的设计思路与方法

1.3.1 制作按钮背景

① 启动Photoshop CS6，按Ctrl+N组合键新建一个"信箱按钮特效"文件，具体参数设置如图1-98所示。

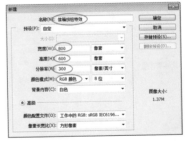

图1-98

02 选择"渐变工具"▣，然后打开"渐变编辑器"对话框，接着设置第1个色标的颜色为黑色、第2个色标的颜色为（R:200，G:200，B:200），如图1-99所示，最后按照如图1-100所示的方向为"背景"图层填充线性渐变色。

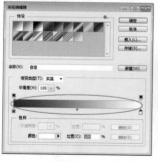 

图1-99　　　　　　　　图1-100

03 新建一个图层，然后使用"圆角矩形工具"▣在绘图区域绘制出一个如图1-101所示的矩形路径，接着按Ctrl+Enter组合键将路径转为选区，最后使用白色填充选区，完成后按Ctrl+D组合键取消选区，效果如图1-102所示。

图1-101　　　　　　　　图1-102

04 执行"图层>图层样式>斜面和浮雕"菜单命令，打开"图层样式"对话框，然后设置"大小"为7像素，具体参数设置如图1-103所示，效果如图1-104所示。

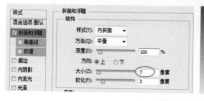

图1-103　　　　　　　　图1-104

05 在"图层样式"对话框中单击"内阴影"样式，然后设置"不透明度"为63%、"角度"为150度、"阻塞"为4%，具体参数设置如图1-105所示，效果如图1-106所示。

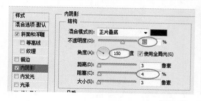 

图1-105　　　　　　　　图1-106

06 在"图层样式"对话框中单击"渐变叠加"样式，然后单击"点可按编辑渐变"按钮▣，接着在弹

出的"渐变编辑器"对话框中设置第1个色标的颜色为（R:0，G:82，B:203）、第2个色标的颜色为白色，如图1-107和图1-108所示，效果如图1-109所示。

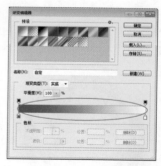

图1-107

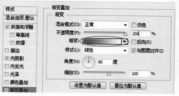 

图1-108　　　　　　　　图1-109

07 按Ctrl键载入"图层1"选区，然后执行"选择>修改>收缩"菜单命令，并在弹出的"收缩选区"对话框中设置"收缩量"为10像素，如图1-110所示，效果如图1-111所示。

图1-110　　　　　　　　图1-111

08 新建一个图层，然后使用黑色填充选区，接着执行"图层>图层样式>内发光"菜单命令，打开"图层样式"对话框，最后设置"不透明度"为85%、发光颜色为（R:36，G:124，B:228）、"阻塞"为13%、"大小"为29像素，具体参数设置如图1-112所示，效果如图1-113所示。

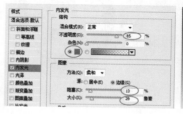 

图1-112　　　　　　　　图1-113

09 在"图层样式"对话框中单击"渐变叠加"样式，然后单击"点可按编辑渐变"按钮▣，接着在弹出的"渐变编辑器"对话框中设置第1个色标的颜色为白色、第2个色标的颜色为（R:11，G:99，B:165），如图1-114所示，最后返回到"图层样式"对话框中勾选"反向"，如图1-115所示，效果如图1-116所示。

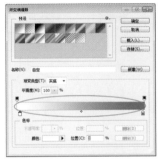

图1-114

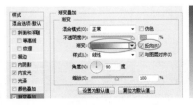

图1-115 　　　　　图1-116

1.3.2 制作信箱立体效果

01 选择"自定形状工具" ，然后在选项栏中单击"形状图层"按钮 形状 ，接着选择"形状"右侧的"点按可打开自定形状拾色器"按钮，选择"信封2"图形，如图1-117所示，最后在绘图区域中绘制出如图1-118所示的图形。

图1-117 　　　　　图1-118

02 新建一个图层，然后按Ctrl+Enter组合键将路径变为选区，接着设置前景色为（R:0，G:56，B:113），最后按Alt+Delete组合键用前景色填充选区，效果如图1-119所示。

图1-119

03 执行"图层>图层样式>斜面和浮雕"菜单命令，打开"图层样式"对话框，然后设置"样式"为"浮雕效果"、"深度"为602%、"大小"为4像素，具体参数设置如图1-120所示，效果如图1-121所示。

图1-120 　　　　　图1-121

04 在"图层样式"对话框中单击"渐变叠加"样式，然后单击"点可按编辑渐变"按钮 ，接着在弹出的"渐变编辑器"对话框中设置第1个色标的颜色为（R:0，G:56，B:113）、第2个色标的颜色为（R:52，G:149，B:239），如图1-122和图1-123所示，效果如图1-124所示。

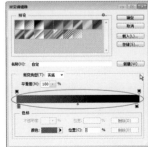

图1-122

图1-123 　　　　　图1-124

05 在"图层样式"对话框中单击"投影"样式，然后设置"混合模式"为"实色混合"、"距离"为2像素，如图1-125所示，效果如图1-126所示。

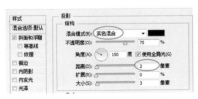

图1-125 　　　　　图1-126

06 新建一个图层，然后使用"矩形选框工具" 在绘图区域中绘制一个合适的矩形选区，并用白色填充选区，接着设置该图层的"不透明度"为50%，效果如图1-127所示。

图1-127

07 使用"钢笔工具" 在绘图区域中绘制一个如图1-128所示的路径，然后设置前景色为白色，接着切换到"路径"面板，并单击该面板下面的"用前景色填充路径"按钮 ，效果如图1-129所示。

图1-128

图1-129

图1-133
图1-134

08 设置该图层的"不透明度"为37%，然后在"图层"面板下方单击"添加图层蒙版"按钮 🔳，为该图层添加一个图层蒙版，接着设置前景色为黑色，并在选项栏中设置画笔"不透明度"为50%，最后在蒙版的中部进行涂抹，效果如图1-130所示。

1.4 拉丝钢板按钮

本例设计的拉丝钢板按钮效果。

实例位置：光盘>实例文件>CH01>1.4.psd
难易指数：★★☆☆☆
技术掌握：掌握拉丝钢板按钮的设计思路与方法

图1-130

1.4.1 制作水晶质感

09 按Ctrl键选中制作按钮的所有图层，然后按Ctrl+J组合键复制出副本图层，接着按Ctrl+E组合键将复制的副本图层合并为一个图层，并将图层更名为"倒影"，如图1-131所示。

图1-131

01 启动Photoshop CS6，按Ctrl+N组合键新建一个"拉丝钢板按钮"文件，具体参数设置如图1-135所示。

10 设置"倒影"图层的"混合模式"为"正片叠底"、"不透明度"为50%，然后执行"编辑>变换>垂直变换"菜单命令，接着将图形拖曳到如图1-132所示的位置。

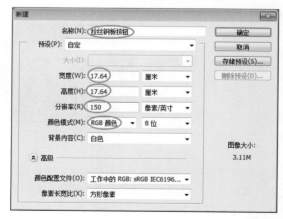

图1-132

11 确定"倒影"图层为当前图层，在"图层"面板下方单击"添加图层蒙版"按钮 🔳，为该图层添加一个图层蒙版，然后使用"渐变工具" 🔳 在蒙版中从下往上填充黑色到灰色的线性渐变，如图1-133所示，最终效果如图1-134所示。

图1-135

02 单击"工具箱"中的"圆角矩形工具"按钮 ，然后在选项栏中单击"形状"按钮 形状 ，接着设置"半径"为90像素，最后绘制出3个如图1-136所示的圆角矩形形状路径。

03 使用"路径选择工具" 同时选中3条形状路径，然后单击选项栏中"路径对齐方向" ，在弹出的下拉菜单中选择"垂直居中对齐"方式 ，效果如图1-137所示。

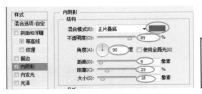

图1-136　　　　　　　　图1-137

04 执行"图层>图层样式>内阴影"菜单命令，打开"图层样式"对话框，然后设置阴影颜色为（R:48，G:75，B:152）、"不透明度"为85%、"角度"为90度、"距离"为9像素、"阻塞"为25%、"大小"为18像素，具体参数设置如图1-138所示，效果如图1-139所示。

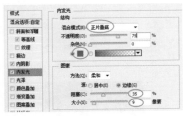

图1-138　　　　　　　　图1-139

05 在"图层样式"对话框中单击"内发光"样式，然后设置"混合模式"为"正片叠底"、发光颜色为（R:49，G:78，B:154）、"阻塞"为35%、"大小"为9像素，具体参数设置如图1-140所示，效果如图1-141所示。

图1-140　　　　　　　　图1-141

06 在"图层样式"对话框中单击"斜面与浮雕"样式，然后设置"大小"为9像素、"软化"为2像素、"角度"为90度、"高度"为70度，接着设置高光的不透明度为100%、阴影的不透明度为0%，具体参数设置如图1-142所示，效果如图1-143所示。

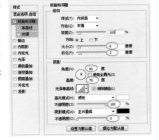

图1-142

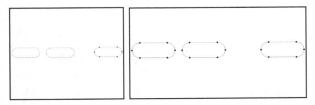

图1-143

07 单击"斜面与浮雕"样式下面的"等高线"选项，然后打开"等高线编辑器"对话框，接着设置"输入"为59%、"输出"为56%，如图1-144所示，最后返回到"图层样式"对话框中勾选"消除锯齿"选项，并设置"范围"为90%，如图1-145所示，效果如图1-146所示。

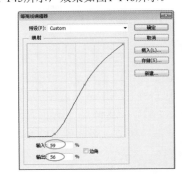

图1-144

图1-145　　　　　　　　图1-146

08 在"图层样式"对话框中单击"颜色叠加"样式，然后设置叠加颜色为（R:183，G:225，B:247），具体参数设置如图1-147所示，效果如图1-148所示。

图1-147　　　　　　　　图1-148

09 在"图层样式"对话框中单击"光泽"样式，然后设置"混合模式"为"叠加"、效果颜色为（R:127，G:188，B:255）、"不透明度"为100%、"角度"为90度、"距离"为31像素、"大小"为31像素，接着勾选"消除锯齿"选项，并设置"等高线"为"环形"，具体参数设置如图1-149所示，效果如图1-150所示。

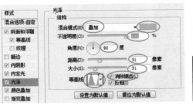

图1-149　　　　　　　　图1-150

10 在"图层样式"对话框中单击"投影"样式，然后设置投影颜色为（R:75，G:107，B:149）、"不透明度"为70%、"角度"为90度、"距离"为5像素、"大小"为9像素、"杂色"为5%，具体参数设置如图1-151所示，效果如图1-152所示。

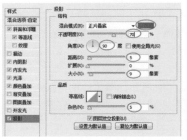

图1-151　　　　　　　　图1-152

11 在"图层样式"对话框中单击"外发光"样式，然后设置"不透明度"为40%、发光颜色为（R:68，G:202，B:254）、"大小"为13像素，具体参数设置如图1-153所示，效果如图1-154所示。

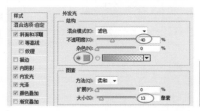

图1-153　　　　　　　　图1-154

1.4.2　制作按钮面板

01 设置前景色为（R:24，G:22，B:33）、背景色为（R:78，G:70，B:86），然后选择"渐变工具" ，接着在选项栏中勾选"反向"，最后按照如图1-155所示的方向为"背景"图层填充使用径向渐变色。

02 在"背景"图层的上一层新建一个"图层1"，然后新建一个图层组"组1"，并将"图层1"拖曳到"组1"中，如图1-156所示。

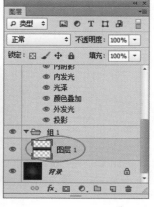

图1-155　　　　　　　　图1-156

03 确定"图层1"为当前图层，使用"矩形选框工具" 绘制一个大小合适的矩形选区，然后设置前景色（R:130，G:130，B:130）、背景色为黑色，接着从上向下为选区填充使用线性渐变色，如图1-157所示。

04 在"图层1"的上一层新建一个图层"图层2"，然后使用"矩形选框工具" 绘制一个大小合适的矩形选区，接着从下到上为其填充灰色到黑色的渐变色，效果如图1-158所示。

图1-157　　　　　　　　图1-158

05 保持选区状态，在"图层1"的上方新建一个"图层3"，然后执行"编辑>描边"菜单命令，接着在弹出的"描边"对话框中设置"宽度"为3像素、"颜色"为白色、"位置"为"居外"，具体参数设置如图1-159所示，效果如图1-160所示。

图1-159　　　　　　　　图1-160

06 确定"图层3"为当前图层，选择"橡皮擦工具" ，然后在选项栏中设置"不透明度"和"流量"为50%，如图1-161所示，效果如图1-162所示。

图1-161

图1-162

07 选择"图层2"图层，然后载入"形状1"的选区，接着执行"选择>修改>扩展"菜单命令，并在弹出的"扩展选区"对话框中设置"扩展量"为5像素，如图1-163所示，效果如图1-164所示。

08 按Ctrl+J组合键复制一个新图层"图层4"，然后执行"编辑>变换>垂直翻转"菜单命令，效果如图1-165所示。

图1-163　　　　　　　　　　　　图1-164

置发光颜色为（R:247，G:68，B:254）、"大小"为10像素，如图1-173所示，效果如图1-174所示。

图1-173　　　　　　　　　　　　图1-174

图1-165

09 选择"图层2"图层，继续载入"形状1"的选区，然后将选区扩展3像素，如图1-166所示，效果如图1-167所示。

10 按Ctrl+J组合键复制得到一个新图层"图层5"，并将其拖曳到"图层4"的上一层，效果如图1-168所示。

专家点拨

在拷贝并粘贴图层样式后，由于形状大小的差异会导致效果不统一，这时可以通过修改"缩放图层效果"来使样式统一。

图1-166　　　　　　　　　　　　图1-167

14 使用"多边形工具" ◙ 和"矩形工具" ▣ 绘制出指示标志，效果如图1-175所示。

图1-175

图1-168

11 使用"椭圆工具" ◉ 绘制一个如图1-169所示的圆形路径，然后将"形状1"的图层样式拷贝并粘贴到"形状2"图层中，效果如图1-170所示。

15 执行"图层>图层样式>颜色叠加"菜单命令，打开"图层样式"对话框，然后设置叠加颜色为（R:23，G:43，B:98），如图1-176所示，效果如图1-177所示。

图1-176　　　　　　　　　　　　图1-177

图1-169　　　　　　　　　　　　图1-170

16 在"图层样式"对话框中单击"斜面与浮雕"样式，然后设置"大小"为1像素、"角度"为90度、"高度"为70度，接着设置高光不透明度为100%、阴影不透明度为0%，具体参数设置如图1-178所示，效果如图1-179所示。

12 双击"形状2"的图层样式，打开"图层样式"对话框，然后选择"颜色叠加"样式，接着更改叠加颜色为（R:255，G: 0，B: 0），如图1-171所示，效果如图1-172所示。

图1-171

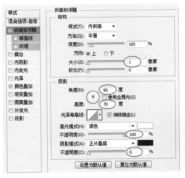

图1-178　　　　　　　　　　　　图1-179

图1-172

13 在"图层样式"对话框中单击"外发光"样式，然后设

17 到此，"拉丝钢板按钮"就制作完成了，最终效果如图1-180所示。

图1-180

1.5 立体水晶按钮

本例设计的立体水晶按钮效果。

实例位置：光盘>实例文件>CH01>1.5.psd
难易指数：★★☆☆☆
技术掌握：掌握立体水晶按钮的设计思路与方法

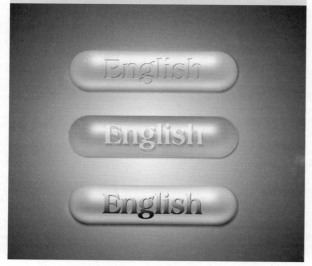

1.5.1 制作按钮样式

01 启动Photoshop CS6，按Ctrl+N组合键新建一个"立体水晶按钮"文件，具体参数设置如图1-181所示。

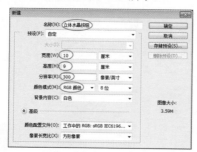

图1-181

02 设置前景色为（R:33，G:33，B:33）、背景色为白色，然后选择"渐变工具" ，接着在选项栏中勾选"反向"，最后按照如图1-182所示的方向为"背景"图层填充使用径向渐变色。

03 单击"工具箱"中的"圆角矩形工具"按钮 ，然后在选项栏中设置"半径"为90像素，接着绘制出如图1-183所示的圆角矩形形状路径。

图1-182   图1-183

04 按Ctrl+Enter组合键将路径转为选区，然后新建一个图层，接着设置前景色为（R:255，G:172，B:195）、背景色为（R:214，G:79，B:114），最后选择"渐变工具" ，按照从上至下的方向为选区填充线性渐变色，如图1-184所示。

图1-184

05 按Ctrl+D组合键取消选区，然后执行"图层>图层样式>投影"菜单命令，打开"图层样式"对话框，接着设置"不透明度"为65%、"距离"为6像素、"大小"为10像素，具体参数设置如图1-185所示，效果如图1-186所示。

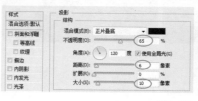

图1-185   图1-186

06 在"图层样式"对话框中单击"内发光"样式，然后设置"混合模式"为"亮光"、"不透明度"为100%、发光颜色为（R:85，G:85，B:85）、"大小"为30像素，具体参数设置如图1-187所示，效果如图1-188所示。

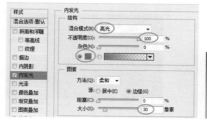

图1-187   图1-188

07 新建一个"图层2"图层，然后使用"圆角矩形工具" 绘制出如图1-189所示的圆角矩形路径，接着按Ctrl+Enter组合键将路径转为选区，最后使用白色填充选区，效果如图1-190所示。

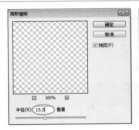
图1-195

图1-196

图1-189

图1-190

08 执行"滤镜>模糊>高斯模糊"菜单命令，然后在弹出的"高斯模糊"的对话框中设置"半径"为14像素，如图1-191所示，效果如图1-192所示。

图1-197

13 执行"图层>图层样式>斜面与浮雕"菜单命令，打开"图层样式"对话框，然后设置"方向"为"下"、"大小"为2像素，具体参数设置如图1-198所示，效果如图1-199所示。

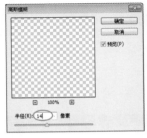
图1-191

图1-192

图1-198

图1-199

09 选择"圆角矩形工具"按钮 ，然后在选项栏中单击"路径操作"按钮 ，在弹出的下拉菜单中选择"减去顶层形状"方式 ，接着在图像中绘制出如图1-193所示的圆角矩形路径。

10 新建一个图层，然后按Ctrl+Enter组合键将路径转为选区，接着使用白色填充选区，效果如图1-194所示。

14 将文字图层的"填充"设置为0%，如图1-200所示，得到的图像效果如图1-201所示。

图1-193

图1-194

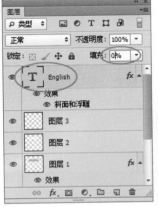
图1-200

图1-201

11 按Ctrl+D组合键取消选区，然后执行"滤镜>模糊>高斯模糊"菜单命令，接着在弹出的"高斯模糊"的对话框中设置"半径"为15.5像素，如图1-195所示，效果如图1-196所示。

12 单击"工具箱"中的"横排文字工具"按钮 ，然后在绘图区域输入相关文字，效果如图1-197所示。

1.5.2 更改按钮材质

01 新建一个"组1"图层组，然后将制作按钮的所有图层拖曳到"组1"图层组中，接着按Ctrl+J组合键复制出一个"组1副本"图层组，并将该图层组更名为"组2"，如图1-202所示。

31

02 按Ctrl键载入"组2"中"图层1"的选区，并暂时隐藏图层组中其他图层，然后设置前景色为（R:254，G:128，B:209）、背景色（R:223，G:65，B:104），接着选择"渐变工具" ■ 按照从下至上的方向为选区填充线性渐变色，如图1-203所示。

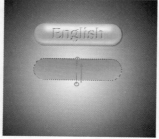

图1-202　　　　　　　　图1-203

03 单击"图层"面板上的"添加图层样式"按钮 *fx.*，在弹出的下拉菜单中选择"内发光"选项，打开"图层样式"对话框，然后更改"不透明度"为36%，如图1-204所示，效果如图1-205所示。

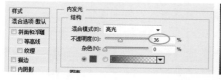

图1-204　　　　　　　　图1-205

04 在"图层样式"对话框中单击"描边"样式，然后设置"颜色"为（R:247, G:111, B:185），如图1-206所示，效果如图1-207所示。

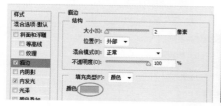

图1-206　　　　　　　　图1-207

05 显示"组2"中的"图层2"图层，然后将该图层的"不透明度"设置为80%，如图1-208所示，效果如图1-209所示。

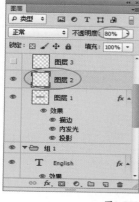

图1-208　　　　　　　　图1-209

06 显示"组2"中的"图层3"，然后将该图层的"不透明度"设置为40%，如图1-210所示，效果如图1-211所示。

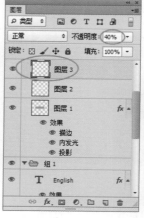

图1-210　　　　　　　　图1-211

07 将文字设置为白色，然后设置"填充"为50%，如图1-212所示，效果如图1-213所示。

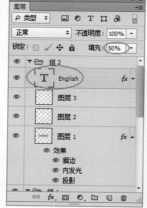
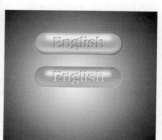

图1-212　　　　　　　　图1-213

08 添加"投影"图层样式，打开"图层样式"对话框，然后设置"不透明度"为15%、"角度"为135度、"距离"为10像素、"大小"为0像素，具体参数设置如图1-214所示，效果如图1-215所示。

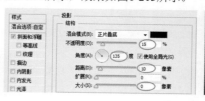

图1-214　　　　　　　　图1-215

09 在"图层样式"对话框中单击"斜面与浮雕"样式，然后更改"方向"为"上"、"大小"为0、"角度"为120度，具体参数设置如图1-216所示，效果如图1-217所示。

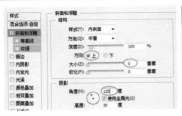

图1-216　　　　　　　图1-217

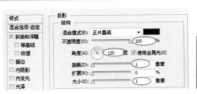

图1-222　　　　　　　图1-223

10　选择"组1"图层组，然后按Ctrl+J组合键复制出一个"组1副本"图层组，并将该图层组更名为"组3"，如图1-218所示。

11　按Ctrl键载入"组3"中"图层1"的选区，并暂时隐藏图层组中其他图层，然后设置前景色为（R:204，G:204，B:204）、背景色（R:95，G:95，B:95），接着选择"渐变工具" ▇ 按照从上至下的方向为选区填充线性渐变色，如图1-219所示。

图1-224

图1-218　　　　　　　图1-219

12　显示"组3"中所有图层，然后选择文字图层，接着单击"图层"面板上的"添加图层样式"按钮 fx.，在弹出的下拉菜单中选择"斜面与浮雕"选项，打开"图层样式"对话框，然后更改"方向"为"下"、"大小"为0像素，如图1-220所示，效果如图1-221所示。

1.6　金属边框水晶按钮

本例设计的金属边框水晶按钮效果。

实例位置：光盘>实例文件>CH01>1.6.psd
难易指数：★★☆☆☆
技术掌握：掌握金属边框水晶按钮的设计思路与方法

图1-220　　　　　　　图1-221

13　在"图层样式"对话框中单击"渐变叠加"样式，然后为文字图层添加一个系统默认的"渐变叠加"样式；在"图层样式"对话框中单击"投影"样式，然后设置"不透明度"为100%、"角度"为120度、"距离"为1像素、"大小"为1像素，具体参数设置如图1-222所示，效果如图1-223所示。

14　到此，"立体水晶按钮"就制作完成了，最终效果如图1-224所示。

1.6.1　制作水晶质感

01　启动Photoshop CS6，按Ctrl+N组合键新建一个"金属边框水晶按钮"文件，具体参数设置如图1-225所示。

02　设置前景色为白色、背景色为（R:109，G:156，B:195），然后使用"渐变工具" ▇ 按照如图1-226所示的方向为"背景"图层填充使用线性渐变色。

图1-225   图1-226

03 执行两次"视图>新建参考线"菜单命令，然后在弹出的"新建参考线"对话框中分别进行如图1-227所示的设置，新建的参考线如图1-228所示。

图1-227   图1-228

04 单击"工具箱"中的"椭圆选框工具"按钮 ，然后在绘图区域中绘制一个如图1-229所示的圆形选区。

05 新建一个"图层1"，然后将前景色和背景色设置为默认的黑色和白色，接着使用"渐变工具" 按照如图1-230所示的方向为选区填充使用线性渐变色。

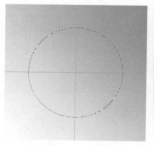

图1-229   图1-230

06 按Ctrl+D组合键取消选区，然后执行"图层>图层样式>内发光"菜单命令，打开"图层样式"对话框，接着设置"混合模式"为"正片叠底"、"不透明度"为50%、发光颜色为黑色、"大小"为30像素，具体参数设置如图1-231所示，效果如图1-232所示。

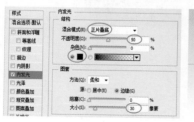
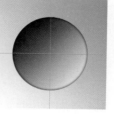

图1-231   图1-232

07 执行"选择>修改>收缩"菜单命令，然后在弹出的"收缩选区"对话框中设置"收缩量"为45像素，如图1-233所示，效果如图1-234所示。

图1-233   图1-234

08 新建一个"图层2"，然后使用白色填充选区，接着设置该图层的"不透明度"为20%，最后按Ctrl+D组合键取消选区，如图1-235所示，效果如图1-236所示。

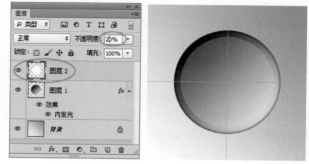

图1-235   图1-236

09 按Ctrl键载入"图层1"选区，然后执行"选择>修改>收缩"菜单命令，并在弹出的"收缩选区"对话框中设置"收缩量"为5像素，如图1-237所示，效果如图1-238所示。

图1-237   图1-238

10 单击"工具箱"中的"椭圆选框工具"按钮 ，然后在选项栏中选择"从选区减去"按钮 ，接着在绘图区域中绘制出如图1-239所示的选区。

11 单击"工具箱"中的"多边形套索工具"按钮 ，然后在选项栏中选择"从选区减去"按钮 ，接着在绘图区域中绘制出如图1-240所示的选区。

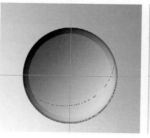
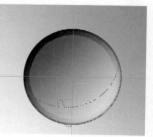

图1-239   图1-240

12 执行"选择>修改>平滑"菜单命令，然后在弹出的"平滑选区"对话框中设置"取样半径"为3像素，如图1-241所示，效果如图1-242所示。

图1-241　　　　　图1-242

 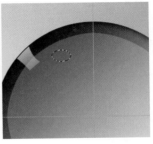

图1-249　　　　　图1-250

13 新建一个"图层3"，然后设置前景色为白色，接着打开"渐变编辑器"对话框，选择"前景色到透明渐变"，如图1-243所示，最后按照如图1-244所示的方向为选区填充线性渐变色。

19 新建一个"图层5"，然后使用白色填充选区，接着设置该图层的"不透明度"为70%，最后按Ctrl+D组合键取消选区，如图1-251所示，效果如图1-252所示。

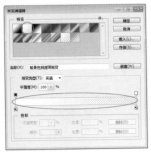 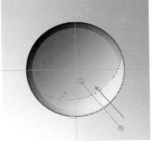

图1-243　　　　　图1-244

图1-251　　　　　图1-252

14 使用"钢笔工具"在绘图区域中绘制一个如图1-245所示的路径。

15 按Ctrl+Enter组合键将路径转换为选区，然后新建一个"图层4"，接着打开"渐变编辑器"对话框，选择"白色到透明渐变"，最后按照如图1-246所示为选区填充线性渐变色。

20 按Ctrl+T组合键进入自由变换状态，然后按照图1-253所示将图像进行旋转变换。

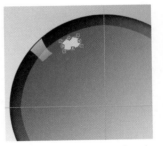

 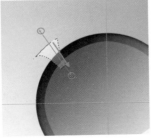

图1-245　　　　　图1-246

图1-253

16 载入"图层1"选区，然后执行"选择>修改>收缩"菜单命令，并在弹出的"收缩选区"对话框中设置"收缩量"为3像素，如图1-247所示，效果如图1-248所示。

21 按Ctrl+J组合键复制一个"图层5副本"图层，然后执行"滤镜>模糊>高斯模糊"菜单命令，接着在弹出的"高斯模糊"对话框中设置"半径"为4像素，如图1-254所示，效果如图1-255所示。

图1-247　　　　　图1-248

图1-254　　　　　图1-255

17 确定"图层4"为当前图层，执行"选择>反向"菜单命令，然后按Delete键删除选区内的图像，效果如图1-249所示。

18 使用"椭圆选框工具"在绘图区域中绘制一个如图1-250所示的选区。

22 设置"图层5副本"图层的"不透明度"为50%，如图1-256所示，效果如图1-257所示。

图1-256

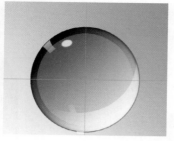

图1-257

23 载入"图层1"选区，然后单击"工具箱"中的"椭圆选框工具"按钮 ，接着在选项栏中选择"从选区减去"按钮 ，最后在绘图区域中绘制出如图1-258所示的选区。

24 新建一个"图层6"，然后打开"渐变编辑器"对话框，选择"白色到透明渐变"，接着按照如图1-259所示为选区填充线性渐变色。

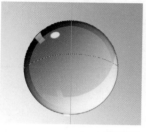

图1-258

图1-259

25 按Ctrl+D组合键取消选区，然后设置该"图层6"的"不透明度"为60%，如图1-260所示，效果如图1-261所示。

图1-260

图1-261

26 载入"图层1"选区，然后新建一个"图层7"，接着执行"编辑>描边"菜单命令，最后在弹出的"描边"对话框中设置"宽度"为3像素、"颜色"为黑色，如图1-262所示，效果如图1-263所示。

图1-262

图1-263

27 选择"图层1"图层，然后在"图层"面板下方单击"创建新的填充或调整图层"按钮 ，在弹出的菜单中选择"色相/饱和度"命令，接着在"属性"面板中勾选"着色"，最后设置"色相"为205、"饱和度"为73，具体参数设置如图1-264所示，完成后将调整图层灌入"图层1"，如图1-265所示，效果如图1-266所示。

图1-264

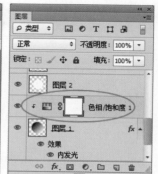

图1-265

图1-266

1.6.2 制作金属边框

01 隐藏除"背景"图层外的所有图层，然后在"背景"图层上方新建一个"图层8"，接着使用"椭圆选框工具" 在绘图区域中绘制一个如图1-267所示的选区。

02 将前景色和背景色设置为默认的黑色和白色，然后使用"渐变工具" 按照如图1-268所示的方向为选区填充使用线性渐变色。

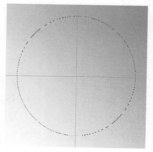

图1-267

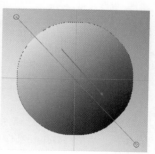

图1-268

03 按Ctrl+D组合键取消选区，然后显示所有图层，接着按Ctrl+H组合键隐藏参考线，效果如图1-269所示。

04 在"图层8"图层上方新建一个"图层9",然后使用"矩形选框工具"⬚在绘图区域中绘制一个合适的矩形选区,接着使用白色填充选区,完成后按Ctrl+D组合键取消选区,效果如图1-270所示。

图1-269　　　　　　　　图1-270

05 按Ctrl+Alt+T组合键变换并复制图层,然后在选项栏中设置"旋转"为15度,效果如图1-271所示。

06 按Ctrl+Shift+Alt+T组合键重复变换并复制新图层若干次,得到的效果如图1-272所示,然后按Ctrl+E组合键将"图层9"和所有的"图层9"副本合并为一个图层。

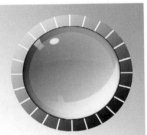

图1-271　　　　　　　　图1-272

07 执行"图层>图层样式>斜面和浮雕"菜单命令,打开"图层样式"对话框,然后设置"深度"为500%、"大小"为5像素、"角度"为140度、"高度"为40度,具体参数设置如图1-273所示,效果如图1-274所示。

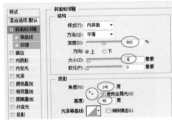
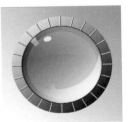

图1-273　　　　　　　　图1-274

08 设置"图层9副本11"图层的"填充"为0%,如图1-275所示,效果如图1-276所示。

09 在"图层9副本11"图层上方新建一个"图层10",然后使用"椭圆选框工具"◯在绘图区域中绘制一个合适的矩形选区,接着使用白色填充选区,完成后按Ctrl+D组合键取消选区,效果如图1-277所示。

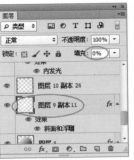

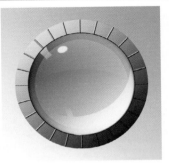

图1-275　　　　　　　　图1-276

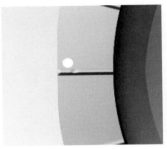

图1-277

10 执行"图层>图层样式>斜面和浮雕"菜单命令,打开"图层样式"对话框,然后设置"深度"为350%、"大小"为5像素,具体参数设置如图1-278所示,效果如图1-279所示。

图1-278　　　　　　　　图1-279

11 设置"图层10"图层的"填充"为0%,如图1-280所示,效果如图1-281所示。

图1-280　　　　　　　　图1-281

12 使用相同的方法添加其他钉子效果,得到的图像效果如图1-282所示。

13 选择"图层8"图层,然后执行"图层>图层样式>投影"菜单命令,打开"图层样式"对话框,接着设置"距离"为20像素、"大小"为30像素,具体参数设置如图1-283所示,效果如图1-284所示。

图1-282

图1-290

图1-291

图1-283

图1-284

1.7 玻璃水晶按钮

本例设计的玻璃水晶按钮效果。

实例位置：光盘>实例文件>CH01>1.7.psd
难易指数：★★☆☆☆
技术掌握：掌握玻璃水晶按钮的设计思路与方法

[14] 设置前景色为白色，然后使用"横排文字工具" T，在绘图区域输入相关文字，效果如图1-285所示。

图1-285

[15] 执行"图层>图层样式>投影"菜单命令，打开"图层样式"对话框，然后设置"不透明度"为50%、"距离"为15像素、"大小"为4像素，具体参数设置如图1-286所示，效果如图1-287所示。

1.7.1 制作玻璃水晶质感

[01] 启动Photoshop CS6，按Ctrl+N组合键新建一个"玻璃水晶按钮"文件，具体参数设置如图1-292所示。

[02] 设置前景色为白色、背景色为（R:0，G:4，B:26），然后使用"渐变工具" 按照如图1-293所示的方向为"背景"图层填充使用径向渐变色。

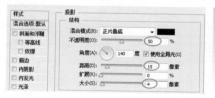

图1-286

图1-287

[16] 在"图层样式"对话框中单击"描边"样式，然后设置"大小"为4像素、"颜色"为（R:0，G:139，B:204），具体参数设置如图1-288所示，效果如图1-289所示。

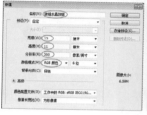

图1-292

图1-293

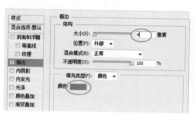

图1-288

图1-289

[17] 设置文字图层的"不透明度"为80%，如图1-290所示，最终效果如图1-291所示。

[03] 单击"工具箱"中的"圆角矩形工具"按钮 ，然后在选项栏中设置"半径"为50像素，接着绘制出如图1-294所示的圆角矩形形状路径。

04 按Ctrl+Enter组合键将路径转为选区，然后新建一个"图层1"图层，接着设置前景色为（R:84，G:84，B:84）、背景色为（R:225，G:225，B:225），最后使用"渐变工具" ■ 按照如图1-295所示的方向为选区填充线性渐变色。

图1-294　　　　　　　　　　　　　　图1-295

05 执行"图层>图层样式>内阴影"菜单命令，打开"图层样式"对话框，然后设置"大小"为25像素、"等高线"为"半圆"，具体参数设置如图1-296所示，效果如图1-297所示。

图1-296　　　　　　　　　　　　　　图1-297

06 使用"钢笔工具" ☑ 在绘图区域中绘制出如图1-298所示的路径。

图1-298

07 按Ctrl+Enter组合键将路径转为选区，然后新建一个"图层2"，接着设置前景色为白色，打开"渐变编辑器"对话框，选择"前景色到透明渐变"，如图1-299所示，最后按照如图1-300所示的方向为选区填充线性渐变色。

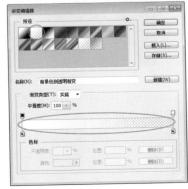 

图1-299　　　　　　　　　　　　　　图1-300

08 使用"钢笔工具" ☑ 在绘图区域中绘制出如图1-301所示的路径。

09 按Ctrl+Enter组合键将路径转为选区，然后新建一个"图层3"，接着按照如图1-302所示的方向为选区填充线性渐变色。

图1-301　　　　　　　　　　　　　　图1-302

10 使用"钢笔工具" ☑ 在绘图区域中绘制出如图1-303所示的路径。

11 按Ctrl+Enter组合键将路径转为选区，然后新建一个"图层4"，接着按照如图1-304所示的方向为选区填充线性渐变色。

图1-303　　　　　　　　　　　　　　图1-304

12 继续使用"钢笔工具" ☑ 在绘图区域中绘制出如图1-305所示的路径。

13 按Ctrl+Enter组合键将路径转为选区，然后新建一个"图层5"，接着按照如图1-306所示的方向为选区填充线性渐变色。

图1-305　　　　　　　　　　　　　　图1-306

14 载入"图层1"选区，然后执行"选择>修改>扩展"菜单命令，接着在弹出的"扩展选区"对话框中设置"扩展量"为20像素，如图1-307所示，效果如图1-308所示。

图1-307　　　　　　　　　　图1-308

15 新建一个"图层6"，然后选择"画笔工具" ☑，接着在选项栏中选择一种柔边笔刷，并设置"不透明度"为50%，如图1-309所示。

16 设置前景色为黑色，然后使用"画笔工具" ☑在选区内进行涂抹，效果如图1-310所示。

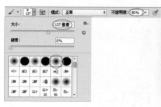

图1-309   图1-310

17 按Ctrl+D组合键取消选区，然后执行"图层>图层样式>外发光"菜单命令，打开"图层样式"对话框，接着设置发光颜色为黑色、"大小"为32像素，具体参数设置如图1-311所示，效果如图1-312所示。

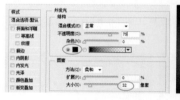

图1-311   图1-312

1.7.2 完善按钮立体效果

01 按Shift键将"图层1"到"图层5"之间的图层全部选中，然后按Ctrl+Alt+E组合键盖印图像，得到"图层5（合并）"图层，接着将"图层5（合并）"图层移动到"图层6"上方，如图1-313所示，效果如图1-314所示。

图1-313   图1-314

02 在"图层"面板下方单击"创建新的填充或调整图层"按钮 ◑，然后为其添加一个"色彩平衡"调整图层，具体参数设置如图1-315所示，完成后将调整图层灌入"图层1"，如图1-316所示，效果如图1-317所示。

图1-315

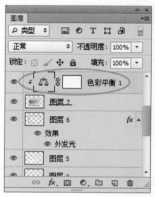

图1-316

图1-317

03 单击"工具箱"中的"椭圆选框工具"按钮 ◯，然后在绘图区域中绘制一个如图1-318所示的圆形选区。

图1-318

04 新建一个"图层7"，然后执行"选择>修改>羽化"菜单命令，接着在弹出的"羽化选区"对话框中设置"羽化半径"为5像素，如图1-319所示，最后使用白色填充选区，完成后按Ctrl+D组合键取消选区，效果如图1-320所示。

图1-319

图1-323

图1-320

06 按Ctrl+J组合键复制一个"图层7副本"图层，然后按Ctrl+T组合键进入自由变换状态，接着按住Shift键向左上方拖曳定界框右下角的角控制点，将其等比例缩小到如图1-324所示的大小。

05 按Ctrl+T组合键进入自由变换状态，然后按照如图1-321所示将图像进行旋转变换，接着设置该图层的"不透明度"为72%，如图1-322所示，效果如图1-323所示。

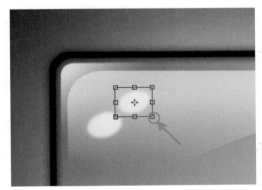

图1-324

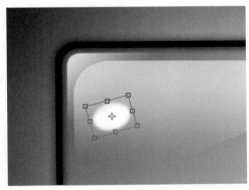

07 设置"图层7副本"的"不透明度"为50%，如图1-325所示，效果如图1-326所示。

图1-321

图1-322

图1-325

图1-326

图1-330

08 设置前景色为白色，然后使用"横排文字工具" [T]，在绘图区域输入相关文字，效果如图1-327所示。

图1-327

09 执行"图层>图层样式>斜面与浮雕"菜单命令，打开"图层样式"对话框，然后设置"大小"为10像素，具体参数设置如图1-328所示，效果如图1-329所示。

图1-331

1.8 课后练习1：水晶音乐按钮

本例设计的水晶音乐按钮效果。
实例位置：光盘>实例文件>CH01>1.8.psd
难易指数：★★☆☆☆
技术掌握：掌握水晶音乐按钮的设计思路与方法

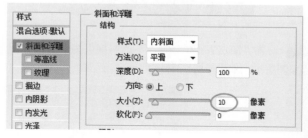

图1-328

图1-329

10 设置文字图层的"填充"为50%，如图1-330所示，最终效果如图1-331所示。

步骤分解如图1-332所示。

图1-332

1.9 课后练习2：磨砂质感按钮

本例设计的磨砂质感效果。
实例位置：光盘>实例文件>CH01>1.9.psd
难易指数：★★☆☆☆
技术掌握：掌握磨砂质感按钮的设计思路与方法

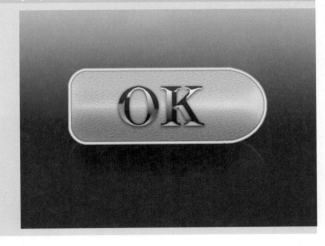

步骤分解如图1-333所示。

制作磨砂背景　　　　　　　　　制作文字特效　　　　　　　　　添加按钮背景

图1-333

1.10 本章小结

　　通过对本章的学习我们对按钮特效的创意和表现技法有了一定的了解与认识，这些知识将在以后的学习中得到具体的应用，作为一个Photoshop的学习者更应该熟记和熟练运用本章所讲的概念和知识点。通过不断练习把这些理论知识运用到实践中，是学习本章的根本目的。

第2章
文字特效

 本章导读

　　文字与我们的工作和生活息息相关。一排普通的文字，也许很难引起人们的关注，若为其穿上漂亮的外套，就很容易吸引人们的眼球。在平面设计中，得体的文字效果不但能起到传递信息的功能，还能为平面作品锦上添花。在极具视觉冲击的电影海报、精美的产品包装、游戏界面、电视节目片头中，文字特效也随处可见。

Learning Objectives

 灵活运用图层样式表现各种文字特效

 掌握常用滤镜的使用方法和技巧

 掌握储存选区的方法

 掌握渐变蒙版的使用方法和技巧

 掌握描边路径的使用方法和技巧

2.1 放射文字特效

本例设计的放射文字效果。

实例位置：光盘>实例文件>CH02>2.1.psd
难易指数：★★★☆☆
技术掌握：掌握放射文字的设计思路与方法

2.1.1 确定文字造型

01 启动Photoshop CS6，按Ctrl+N组合键新建一个"放射文字特效"文件，具体参数设置如图2-1所示。

02 单击"工具箱"中的"横排文字工具"按钮 T，然后在绘图区域中输入字母ADOBE PHOTOSHOP，效果如图2-2所示。

图2-1

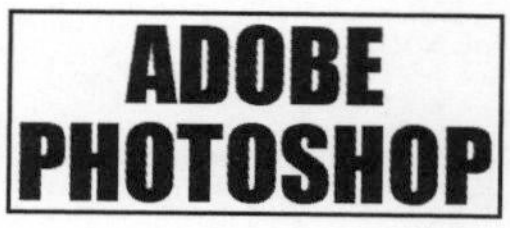

ADOBE PHOTOSHOP

图2-2

03 载入文字图层的选区，如图2-3所示，切换到"通道"面板，然后单击"通道"面板下面的"将选区存储为通道"按钮 ，将选区以通道的方式保存起来，此时会生成一个Alpha 1通道，如图2-4所示。

ADOBE PHOTOSHOP

图2-3

图2-4

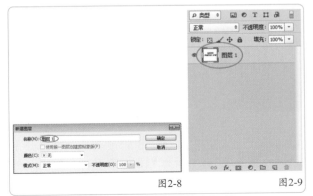

图2-8　　　　　　　　　　　　　　　　图2-9

2.1.2　制作放射特效文字

01　选择文字图层，按Ctrl+E组合键将文本层向下合并到"背景"图层中，然后执行"滤镜>模糊>高斯模糊"菜单命令，接着在弹出的"高斯模糊"对话框中设置"半径"为3.5像素，如图2-5所示，效果如图2-6所示。

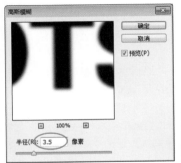

图2-5　　　　　　　　　图2-6

专家点拨

如果将文字图层合并到背景图层，那么背景图层中的图像将不能进行变换等操作，必须双击图层面板中的"背景图层"进行解锁，如图2-7所示，在弹出的对话框中设置新建图层为"图层1"，如图2-8所示，此时图层面板效果如图2-9所示，这样才可以对图层中的图像进行变换等操作。

图2-7

02　执行"滤镜>风格化>曝光过度"菜单命令，得到如图2-10所示的效果。

图2-10

03　执行"图像>调整>亮度/对比度"菜单命令，然后在弹出的"亮度/对比度"对话框中设置"亮度"为150，如图2-11所示，效果如图2-12所示。

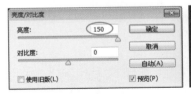　　

图2-11　　　　　　　　　　图2-12

04　按Ctrl+J组合键复制出一个"图层1副本"图层，然后执行"滤镜>扭曲>极坐标"菜单命令，在弹出的"极坐标"对话框中选择"极坐标到平面坐标"，如图2-13所示，效果如图2-14所示。

图2-13　　　　　　　　　图2-14

05　执行"图像>旋转画布>90度（顺时针）"菜单命令，效果如图2-15所示，然后按Ctrl+I组合键或执行"图像>调整>反相"菜单命令，得到如图2-16所示的效果。

图2-15　　　　　　　　　　图2-16

06　确定当前图层为"图层1副本"，执行"滤镜>风格化>风"菜单命令，然后为"图层1副本"图层添加一个系统默认的"风"效果，效果如图2-17所示。

07　按Ctrl+I组合键反相图像，得到如图2-18所示的效果，然后按若干次Ctrl+F组合键，重复执行"风"滤镜，得到如图2-19所示的效果，接着执行"图像>旋转画布>90度（逆时针）"菜单命令，得到如图2-20所示的效果。

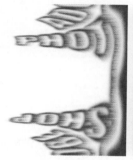
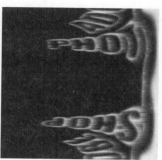

图2-17　　　　　　　　　　图2-18

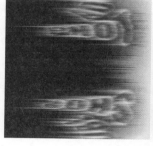
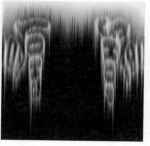

图2-19　　　　　　　　　　图2-20

08　确定"图层1副本"图层为当前图层，执行"滤镜>扭曲>极坐标"菜单命令，在弹出的"极坐标"对话框中选择"平面坐标到极坐标"，如图2-21所示，效果如图2-22所示。

图2-21　　　　　　　　　　图2-22

专家点拨

　　在实际操作中，经常会使用到"风"滤镜与"极坐标"滤镜来制作放射效果。

09　在"图层"面板中设置"图层1副本"图层的"混合模式"为"滤色"，效果如图2-23所示。

10　切换到"通道"面板，然后按住Ctrl键单击Alpha 1通道的缩览图，载入该通道的选区，接着切换到"图层"面板，选择"背景"图层，并用黑色填充该图层，效果如图2-24所示。

图2-23　　　　　　　　　　图2-24

2.1.3　为画面着色

01　选择"图层1"图层，然后单击"图层"面板下面的"创建新的填充或调整图层"按钮 ，在弹出的菜单中选择"渐变"命令，打开"渐变填充"对话框，接着单击"点可按编辑渐变"按钮 ，并在弹出的"渐变编辑器"对话框中选择系统预设的"铬黄渐变"，如图2-25所示，最后返回"渐变填充"对话框中设置"角度"为135度，如图2-26所示。

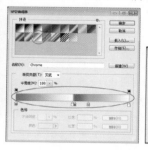

图2-25　　　　　　　　　　图2-26

02　在"图层"面板中设置"渐变填充"调整图层的"混合模式"为"颜色"，最终效果如图2-27所示。

图2-27

2.2 彩点文字特效

本例设计的彩点文字效果。
实例位置：光盘>实例文件>CH02>2.2.psd
难易指数：★★★☆☆
技术掌握：掌握彩点文字的设计思路与方法

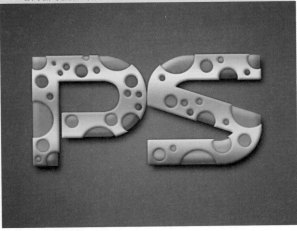

2.2.1 制作背景特效

01 启动Photoshop CS6，按Ctrl+N组合键新建一个"彩点文字特效"文件，具体参数设置如图2-28所示。

图2-28

02 单击"视图>标尺"菜单命令，显示出标尺，然后将光标从顶部的标尺处向下拖曳出水平的参考线，放置在操作界面的中心位置，接着从左边的标尺处向右拖曳出垂直的参考线，同样放置在操作界面的中心位置，如图2-29所示。

图2-29

03 打开"渐变编辑器"对话框，然后设置第1个色标颜色为（R:0, G:130, B:240），第2个色标颜色为（R:35, G:55, B:100），如图2-30所示，接着按照如图2-31所示的方向拉出径向渐变，最后按Ctrl+H组合键隐藏参考线。

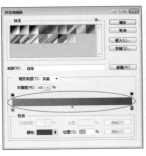 

图2-30　　　　　　　　　　图2-31

04 单击"工具箱"中的"横排文字工具"按钮 T （字体大小和样式可根据实际情况而定），然后在绘图区域中输入字母PS，效果如图2-32所示。

图2-32

2.2.2 制作彩色渐变特效

01 确定文字图层为当前图层，执行"图层>图层样式>斜面与浮雕"菜单命令，打开"图层样式"对话框，然后设置"深度"为130%、"大小"为12像素、"软化"为4像素，接着设置阴影颜色为（R:153, G:98, B:28），具体参数设置如图2-33所示，效果如图2-34所示。

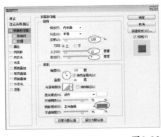 

图2-33　　　　　　　　　　图2-34

02 在"图层样式"对话框中单击"渐变叠加"样式，然后单击"点可按编辑渐变"按钮，并在弹出的"渐变编辑器"对话框中设置第1个色标的颜色为（R:233, G:46, B:209）、第2个色标的颜色为（R:108，G:136，B:180）、第3个色标的颜色为（R:108，G:255，B:0）、第4个色标的颜色为（R:55，G:150，B:210）、第5个色标的颜色为（R:107，G:46，B:233）、第6个色标的颜色为（R:255，G:0，B:60），如图2-35和图2-36所示，效果如图2-37所示。

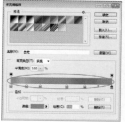
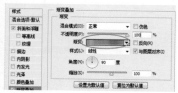

图2-35   图2-36

图2-37

03 在"图层样式"对话框中单击"投影"样式，然后设置"距离"为10像素、"大小"为10像素，具体参数设置如图2-38所示，效果如图2-39所示。

图2-38   图2-39

2.2.3 制作金属特效

01 按住Ctrl键的同时单击PS图层的缩览图，载入该图层的选区，效果如图2-40所示。

图2-40

02 执行"选择>修改>扩展"菜单命令，然后在弹出的"扩展选区"对话框中设置"扩展量"为2像素，如图

2-41所示，得到的选区如图2-42所示。

图2-41   图2-42

03 在PS图层的上一层新建一个"金属"图层，然后用黑色填充选区，完成后按Ctrl+D组合键取消选区，效果如图2-43所示。

图2-43

04 执行"图层>图层样式>斜面与浮雕"菜单命令，打开"图层样式"对话框，然后设置"深度"为51%、"大小"为4像素、"软化"为2像素，具体参数设置如图2-44所示，效果如图2-45所示。

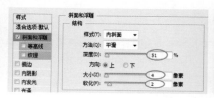

图2-44   图2-45

05 在"图层样式"对话框中单击"渐变叠加"样式，然后单击"点可按编辑渐变"按钮，并在弹出的"渐变编辑器"对话框中设置第1个色标的颜色为（R:99，G:99，B:114）、第2个色标的颜色为（R:217，G:218，B:222）、第3个色标的颜色为（R:157，G:157，B:166）、第4个色标的颜色为（R:225，G:226，B:230）、第5个色标的颜色为（R:199，G:200，B:205）、第6个色标的颜色为（R:166，G:166，B:174），如图2-46和图2-47所示，效果如图2-48所示。

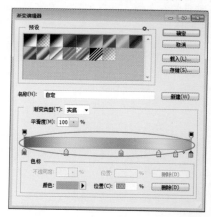

图2-46

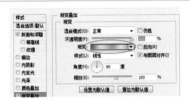

图2-47

图2-48

2.2.4 制作彩点特效

🔲 为"金属"图层添加一个"图层蒙版"🔳，然后选择"画笔工具"🖌，并在选项栏中选择一种硬边圆角笔刷，接着设置"大小"为257像素、"不透明度"为100%，如图2-49所示。

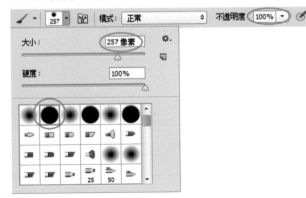

图2-49

🔲 保持对"金属"图层蒙版的选择，然后设置前景色设为黑色，接着使用"画笔工具"🖌在蒙版中合适的地方单击，绘制出如图2-50所示的效果。

图2-50

🔲 使用不同大小的画笔在蒙版上单击，得到如图2-51所示的效果。

图2-51

 专家点拨

按键盘上的"["键和"]"键可以快速的调整画笔"大小"，也可以尝试使用其他形状的画笔绘制出最佳效果。

🔲 确定"金属"图层为当前图层，打开"图层样式"对话框，单击"投影"样式，然后设置"距离"为0像素、"大小"为5像素，具体参数设置如图2-52所示，效果如图2-53所示。

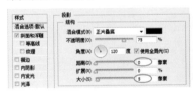

图2-52   图2-53

2.3 嫩滑文字特效

本例设计的嫩滑文字效果。
实例位置：光盘>实例文件>CH02>2.3.psd
难易指数：★★★☆☆
技术掌握：掌握嫩滑文字的设计思路与方法

2.3.1 表现嫩滑特效

🔲 启动Photoshop CS6，按Ctrl+N组合键新建一个"嫩

滑文字特效"文件,具体参数设置如图2-54所示。

02 使用"横排文字工具" [T] (字体大小和样式可根据实际情况而定)在绘图区域中输入字母adobe,效果如图2-55所示。

图2-54　　　　　　　　图2-55

03 执行"图层>图层样式>渐变叠加"菜单命令,然后单击"点可按编辑渐变"按钮,并在弹出的"渐变编辑器"对话框中设置第1个色标的颜色为(R:0,G:132,B:255)、第2个色标的颜色为(R:139,G:255,B:251)、第3个色标的颜色为(R:3,G:134,B:253),如图2-56和图2-57所示,效果如图2-58所示。

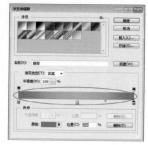

图2-56

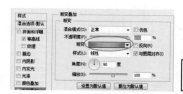

图2-57　　　　　　　　图2-58

04 在"图层样式"对话框中单击"投影"样式,然后设置阴影颜色为(R:29,G:99,B:170)、"距离"为5像素、"大小"为5像素,具体参数设置如图2-59所示,效果如图2-60所示。

图2-59　　　　　　　　图2-60

05 在"图层样式"对话框中单击"内阴影"样式,然后设置阴影颜色为(R:150,G:33,B:151)、"距离"为0像素、"阻塞"为6%、"大小"为9像素,具体参数

设置如图2-61所示,效果如图2-62所示。

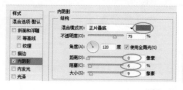

图2-61　　　　　　　　图2-62

06 在"图层样式"对话框中单击"内发光"样式,然后设置发光颜色为(R:29,G:71,B:208)、"源"为"居中"、"阻塞"为5%、"大小"为24像素,具体参数设置如图2-63所示,效果如图2-64所示。

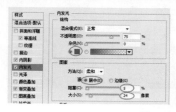

图2-63　　　　　　　　图2-64

07 在"图层样式"对话框中单击"斜面与浮雕"样式,然后设置"深度"为256%、"大小"为10像素,如图2-65所示,接着单击"斜面与浮雕"样式下面的"等高线"复选项,选择"等高线"样式为"半圆",如图2-66所示,效果如图2-67所示。

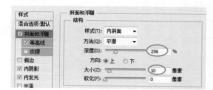

图2-65

图2-66

图2-67

2.3.2 定义无缝拼接图案

01 新建一个"高度"和"宽度"均为10厘米的文件,然后使用"椭圆工具" ◎ 在绘图区域中绘制一个如图2-68所示的椭圆路径,接着设置前景色为(R:69,G:174,B:225),最后单击"路径"面板下面的"用前景色填充路径"按钮 ● ,用前景色填充椭圆路径,效果如图2-69所示。

图2-68　　　　　　　　　　　　　　　　图2-69

02 按Ctrl+Alt+T组合键，使"图层1"内容处于自由变换并复制状态，然后在选项栏上设置旋转"角度"为60度，如图2-70所示，效果如图2-71所示，接着采用相同的方法制作出如图2-72所示的效果。

图2-70

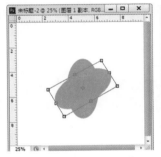

图2-71　　　　　　　　　　　　　　　　图2-72

专家点拨

　　按Ctrl+T组合键可以使图层处于自由变换状态；按Ctrl+Alt+T组合键可以在自由变换的同时复制该图层；按Shift+Ctrl+Alt+T组合键可以重复上一次的自由变换并复制该图层。

03 按住Ctrl键的同时单击"图层1"、"图层1副本"和"图层1副本2"缩览图的名称，同时选择这3个图层，如图2-73所示，然后按Ctrl+E组合键合并这3个图层，并将合并后的图层更名为"花"。

04 使用"椭圆选框工具" ◯ 在图案中心位置绘制一个大小合适的圆形选区，然后按Delete键删除选区内的像素，效果如图2-74所示。

图2-73　　　　　　　　　　　　　　　　图2-74

05 单击"工具箱"中的"移动工具"按钮 ▶⊕ ，然后按住Alt键的同时拖曳图案，复制出一个副本图形，如图2-75所示。

06 设置前景色为（R:118，G:95，B:255），然后将副本图层载入选区，接着按Alt+Delete组合键填充选区，完成后按Ctrl+D组合键取消选区，效果如图2-76所示。

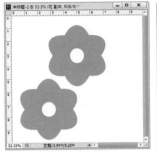

图2-75　　　　　　　　　　　　　　　　图2-76

07 按Ctrl+T组合键进入自由变换状态，然后按Shift键向左上方拖曳定界框的右下角的角控制点，将其等比例缩小到如图2-77所示大小。

08 勾选"视图>对齐"菜单命令，然后使用"移动工具" ▶⊕ 将"花副本"图层拖曳到最右边，接着按住Shift+Alt组合键的复制一个图案到最左边，效果如图2-78所示。

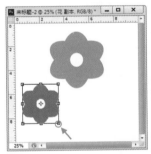
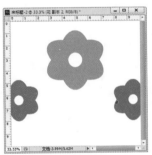

图2-77　　　　　　　　　　　　　　　　图2-78

技术专题："对齐"命令详解

　　Photoshop中的"对齐"命令可以有助于精确地放置选区边缘、切片、形状和路径。可以使用"对齐"命令启用或停用对齐功能，还可以在启用"对齐"功能的情况下，指定要与之对齐的不同元素。

　　如何开启对齐功能：执行"视图>对齐"菜单命令，若该项被勾选，即代表已经启用该功能，快捷键为Shift+Ctrl+;组合键。

　　如何指定对齐的内容：在"视图>对齐到"菜单命令下有若干个子菜单，可以从中选择一项或多项命令来执行相应的操作。

　　参考线：与参考线对齐。

　　网格：与网格对齐，在网格被隐藏时不能选择该选项。

　　图层：与图层对齐。

　　切片：与切片对齐，在切片被隐藏时不能选择该选项。

文档边界：与文档的边缘对齐（本例中所使用）。

全部：选择所有"对齐"选项。

无：取消所有"对齐"选项。

使用"移动工具" ![箭头] 时，按住Shift键可以将图层内容在水平、垂直或45°方向上移动；按住Ctrl键可以任意放置所选图层的位置；按住Alt键可以移动并复制该图层；按住Shift+Alt组合键可以将图层在水平、垂直或45°方向上移动并复制该图层。

⑨ 设置前景色为（R:95，G:125，B:255），然后使用上面的方法，制作出一组拼接图案，效果如图2-79所示。

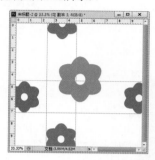

图2-79

⑩ 复制出一些花图案，使画面更加丰富，效果如图2-80所示，然后合并所有图层，执行"编辑>定义图案"菜单命令，打开"定义图案"对话框，输入图案的名称，如图2-81所示。

图2-80

图2-81

2.3.3 填充图案

① 返回到"嫩滑文字特效"操作界面，选择"背景"图层，然后执行"编辑>填充"菜单命令或按Shift+Backspace组合键，打开"填充"对话框，接着设置"使用"为"图案"，最后在"自定图案"的下拉列表中选择上一步定义的图案，如图2-82所示，画面如图2-83所示。

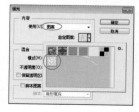

图2-82

图2-83

② 确定"背景"图层为当前图层，执行"编辑>调整>色相/饱和度"菜单命令，然后在弹出的"色相/饱和度"对话框中设置"明度"为50，具体参数设置如图2-84所示，最终效果如图2-85所示。

图2-84

图2-85

2.4 炫酷文字特效

本例设计的炫酷文字效果。

实例位置：光盘>实例文件>CH02>2.4.psd
难易指数：★ ★ ★ ☆ ☆
技术掌握：掌握炫酷文字的设计思路与方法

2.4.1 制作文字初步特效

① 启动Photoshop CS6，按Ctrl+N组合键新建一个"炫酷文字特效"文件，具体参数设置如图2-86所示。

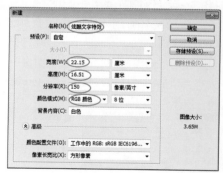

图2-86

② 选择"渐变工具" ![图标]，然后打开"渐变编辑器"对话框，接着设置第1个色标的颜色为（R:95，G:125，B:255）、第2个色标的颜色为（R:200，G:200，B:200），如图2-87所示，接着按照如图2-88所示的方向为"背景"图层填充线性渐变色。

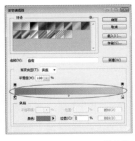 

图2-87 图2-88

03 使用"横排文字工具" （字体大小和样式可根据实际情况而定）在绘图区域中输入字母ADOBE，效果如图2-89所示。

图2-89

04 执行"图层>图层样式>斜面与浮雕"菜单命令，打开"图层样式"对话框，然后设置"深度"为100%、"大小"为10像素、"光泽等高线"为"内凹-深"，具体参数设置如图2-90所示，效果如图2-91所示。

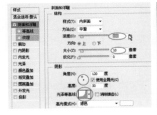 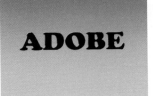

图2-90 图2-91

05 在"图层样式"对话框中单击"渐变叠加"样式，然后单击"点可按编辑渐变"按钮，并在弹出的"渐变编辑器"对话框中设置第1个色标颜色为（R:0，G:96，B:255），第2个色标颜色为（R:0，G:216，B:255），第3个色标颜色为（R:1，G:96，B:254），如图2-92和图2-93所示，效果如图2-94所示。

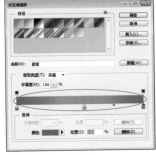

图2-92

图2-93 图2-94

06 在"图层样式"对话框中单击 "光泽"样式，然后设置效果颜色为（R:180，G:255，B:0）、"距离"为11像素、"大小"为14像素，具体参数设置如图2-95所示，效果如图2-96所示。

 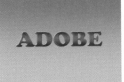

图2-95 图2-96

07 在"图层样式"对话框中单击 "内发光"样式，然后设置发光颜色为（R:57，G:146，B:255）、"大小"为5像素，具体参数设置如图2-97所示，效果如图2-98所示。

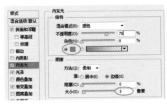 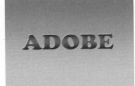

图2-97 图2-98

08 在ADOBE图层的上一层新建一个"图层1"，并暂时隐藏"背景"图层，然后按Shift+Ctrl+Alt+E组合键将ADOBE图层盖印到"图层1"上，此时图层面板效果如图2-99所示。

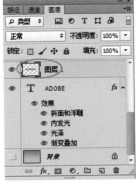

图2-99

09 显示"背景"图层，然后执行"图层>图层样式>斜面与浮雕"菜单命令，打开"图层样式"对话框，然后设置"大小"为5像素、"光泽等高线"为"锯齿1"，具体参数设置如图2-100所示，效果如图2-101所示。

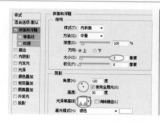
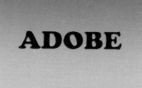

图2-100　　　　　　　　　　　图2-101

图2-105　　　　　　　　　　图2-106

⑩　设置"图层1"的"混合模式"为"颜色减淡"，效果如图2-102所示，然后在"图层1"上一层新建一个"字效"图层，并暂时隐藏"背景"图层，接着按Shift+Ctrl+Alt+E组合键将可见图层盖印到"字效"图层上，此时图层面板如图2-103所示。

⑫　在"字效"图层的上一层新建一个"反光"图层，并将其创建为"字效"图层的剪贴图层，然后按Ctrl+Enter组合键载入"路径1"的选区，接着设置前景色为（R:0，G:220，B:255），最后按Alt+Delete组合键用前景色填充选区，效果如图2-107所示。

⑬　确定"反光"图层为当前图层，在"图层"面板下方单击"添加图层蒙版"按钮，为该图层添加一个图层蒙版，如图2-108所示。

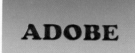

图2-107　　　　　　　　　　图2-108

图2-102　　　　　　　　　图2-103

⑭　使用"渐变工具"在蒙版中从下往上填充黑色到白色的线性渐变，如图2-109所示，此时的蒙版效果如图2-110所示。

专家点拨

若当前文件中的图层数目大于或等于2，选择最上层的图层，按Shift+Ctrl+Alt+E组合键可将可见图层中的像素复制并粘贴到该图层中（包括"背景"图层，本例中之所以隐藏"背景"图层，是因为不需要"背景"图层中的内容），这种操作称为盖印图层。

图2-109　　　　　　　　　　图2-110

2.4.2 添加反光效果

①　显示"背景"图层，然后单击"工具箱"中的"钢笔工具"按钮，接着单击选项栏中的"路径"按钮，绘制一条如图2-104所示的路径，最后在"路径"面板中双击"工作路径"的缩览图，在弹出的对话框中将其保存为"路径1"，如图2-105和图2-106所示。

2.4.3 制作倒影效果

①　在"反光"图层的上一层新建一个"倒影"图层，并暂时隐藏"背景"图层，然后将可见图层盖印到"倒影"图层上，如图2-111所示，接着执行"编辑>变换>垂直翻转"菜单命令，最后使用"移动工具"将其拖曳到如图2-112所示的位置。

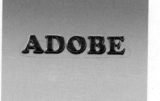

图2-104

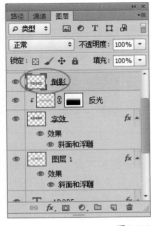

图2-111

图2-112

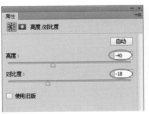

图2-116

图2-117

05 在"图层"面板下方单击"创建新的填充或调整图层"按钮 ◎.，然后为其添加一个"色彩平衡"调整图层，具体参数设置如图2-118所示，最终效果如图2-119所示。

02 确定"倒影"图层为当前图层，在"图层"面板下方单击"添加图层蒙版"按钮 ▢.，为该图层添加一个图层蒙版，如图2-113所示。

图2-113

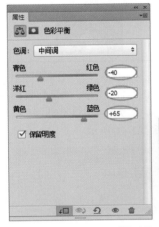

图2-118

图2-119

专家点拨

从上面的步骤可以总结出：倒影的制作方法其实很简单，只需要将制作倒影的物体复制并垂直翻转，放置到物体下方，然后修改倒影虚的效果与色调即可。

03 使用"渐变工具" ▦ 在蒙版中从下往上填充黑色到白色的线性渐变，如图2-114所示，此时的蒙版效果如图2-115所示。

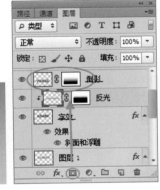

图2-114

图2-115

04 确定"倒影"图层为当前图层，在"图层"面板下方单击"创建新的填充或调整图层"按钮 ◎.，在弹出的菜单中选择"亮度/对比度"命令，然后在"属性"面板中设置"亮度"为-40、"对比度"为-18，具体参数设置如图2-116所示，效果如图2-117所示。

2.5 草编文字特效

本例设计的草编文字效果。

实例位置：光盘>实例文件>CH02>2.5.psd
难易指数：★★★☆☆
技术掌握：掌握草编文字的设计思路与方法

2.5.1 制作文字立体特效

01 启动Photoshop CS6，按Ctrl+N组合键新建一个"草编文字特效"文件，具体参数设置如图2-120所示。

02 使用"横排文字工具"[T]（字体大小和样式可根据实际情况而定）在绘图区域中输入字母，效果如图2-121所示。

图2-120　　　　　　　　　　图2-121

03 载入文字图层的选区，如图2-122所示，然后切换到"路径"面板，单击该面板下的"从选区生成工作路径"按钮◇，将选区生成工作路径，如图2-123所示。

图2-122　　　　　　　　　　图2-123

04 在ADOBE PS CS3图层名称上单击右键，在弹出的菜单中选择"转换为智能对象"命令，将其转换成智能对象，如图2-124所示。

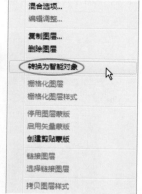

图2-124

05 执行"滤镜>模糊>高斯模糊"菜单命令，然后在弹出的"高斯模糊"对话框中设置"半径"为10像素，如图2-125所示，效果如图2-126所示。

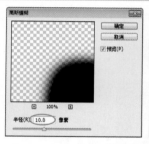

图2-125　　　　　　　　　　图2-126

06 执行"图层>图层样式>渐变叠加"菜单命令，然后打开"渐变编辑器"对话框，设置第1个色标颜色为（R:200，G:255，B:0），第2个色标颜色为（R:40，G:170，B:0），第3个色标颜色为（R:200，G:255，B:0），第4个色标颜色为（R:40，G:170，B:0），如图2-127和图2-128所示，效果如图2-129所示。

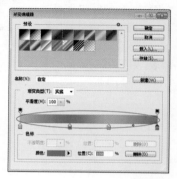

图2-127

图2-128　　　　　　　　　　图2-129

07 在"图层样式"对话框中单击"斜面与浮雕"样式，然后设置"深度"为1000%、"大小"为5像素、接着设置高光的不透明度为100%、阴影颜色为（R:60，G:140，B:10），具体参数设置如图2-130所示，效果如图2-131所示。

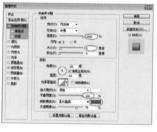

图2-130　　　　　　　　　　图2-131

08 在"图层样式"对话框中单击"内阴影"样式，然后设置阴影颜色为（R:0，G:120，B:20）、"距离"为

0像素、"阻塞"为15%、"大小"为15像素,具体参数设置如图2-132所示,效果如图2-133所示。

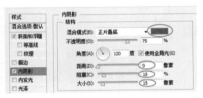 

图2-132　　　　　　图2-133

2.5.2 制作草边特效

01 在"背景"图层的上一层新建一个"草"图层,然后单击"工具箱"中的"画笔工具"按钮,接着单击选项栏中的"切换画笔面板"按钮,打开"画笔预设"面板,具体参数设置如图2-134所示。

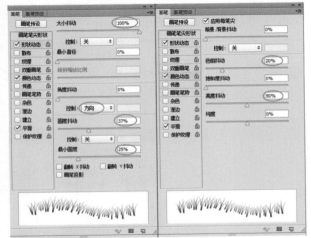

图2-134

02 保持对"画笔工具"的选择,然后设置前景色为(R:80,G:170,B:0),接着切换到"路径"面板,选择"工作路径",最后单击"路径面板"下的"用画笔描边路径"按钮,用画笔为路径描边,效果如图2-135所示。

图2-135

2.5.3 制作背景特效

01 使用"矩形选框工具"绘制一个如图2-136所示的矩形选区,然后按住Shift的同时继续绘制出如图2-137所示的选区。

图2-136　　　　　　图2-137

02 选择"背景"图层,然后设置前景色为(R:200,G:240,B:155),接着按Alt+Delete组合键用前景色填充选区,完成后按Ctrl+D组合键取消选区,效果如图2-138所示。

03 暂时隐藏"背景"图层,然后在最上层新建一个"字效"图层,并按Shift+Ctrl+Alt+E组合键将可见图层盖印到"字效"图层上,如图2-139所示。

图2-138　　　　　　图2-139

04 执行"图层>图层样式>投影"菜单命令,打开"图层样式"对话框,然后设置阴影颜色为(R:10,G:80,B:0)、"距离"为5像素、"大小"为5像素,具体参数设置如图2-140所示,最终效果如图2-141所示。

图2-140

图2-141

2.6 卡通文字特效

本例设计的卡通文字效果。

实例位置：光盘>实例文件>CH02>2.6.psd
难易指数：★★★☆☆
技术掌握：掌握卡通文字的设计思路与方法

2.6.1 制作卡通文字特效

01 启动Photoshop CS6，按Ctrl+N组合键新建一个"卡通文字特效"文件，具体参数设置如图2-142所示。

02 使用"横排文字工具" **T**（字体大小和样式可根据实际情况而定）在绘图区域中输入字母ADOBE，效果如图2-143所示。

图2-142　　　　　　　　　　图2-143

03 按Ctrl+J组合键复制一个副本图层，并将其更名为"字效"，然后暂时隐藏ADOBE图层，并将"字效"图层栅格化，如图2-144所示，接着按Ctrl键载入"字效"图层的选区，效果如图2-145所示。

图2-144　　　　　　　　　　图2-145

04 执行"编辑>描边"菜单命令，然后在弹出的"描

边"对话框中设置"宽度"为3像素、"颜色"为黑色，具体参数设置如图2-146所示，效果如图2-147所示。

图2-146　　　　　　　　　　图2-147

05 保持选区状态，执行"选择>修改>收缩"菜单命令，然后在弹出的"收缩选区"对话框中设置"收缩量"为20像素，如图2-148所示，接着使用白色填充选区，效果如图2-149所示。

图2-148　　　　　　　　　　图2-149

06 确定"字效"图层为当前图层，单击"图层"面板上的"锁定透明像素"按钮 ，锁定该图层的透明像素，如图2-150所示。

图2-150

07 执行"滤镜>模糊>高斯模糊"菜单命令，然后在弹出的"高斯模糊"对话框中设置"半径"为8像素，如图2-151所示，效果如图2-152所示。

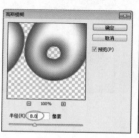 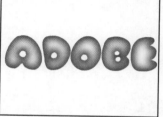

图2-151　　　　　　　　　　图2-152

08 单击"图层"面板下面的"创建新的填充或调整图层"按钮 ，在弹出的菜单中选择"色相/饱和度"命令，然后在"属性"面板中勾选"着色"选项，接着设

置"色相"为320、"饱和度"为50，具体参数设置如图2-153所示，接着将"色相/饱和度"调整图层设置为"字效"图层的剪贴图层，此时"图层"面板如图2-154所示，效果如图2-155所示。

图2-153

图2-154

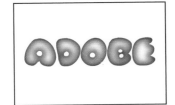

图2-155

2.6.2 细化卡通文字效果

01 暂时隐藏"字效"图层和"色相/饱和度"调整图层，然后在"背景"图层的上一层新建一个"图层1"，并用黑色填充该图层，接着在ADOBE图层的名称上单击右键，在弹出的菜单中选择"转换为智能对象"命令，将其转换成智能对象，如图2-156所示。

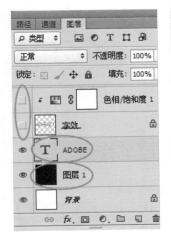

图2-156

02 确定ADOBE图层为当前图层，执行"滤镜>模糊>高斯模糊"菜单命令，然后在弹出的"高斯模糊"对话框中设置"半径"为3.5像素，如图2-157所示，效果如图2-158所示。

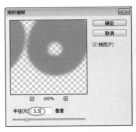

图2-157

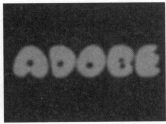

图2-158

03 确定ADOBE图层为当前图层，执行"图层>图层样式>斜面与浮雕"菜单命令，打开"图层样式"对话框，然后设置"深度"为1000%、"大小"为8像素，接着设置高光的不透明度为100%，具体参数设置如图2-159所示，效果如图2-160所示。

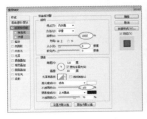

图2-159

图2-160

04 切换到"通道"面板，然后将"蓝"通道拖曳到"通道"面板上的"创建新通道"按钮上，复制出一个"蓝副本"通道，如图2-161所示。

图2-161

05 保持对"蓝副本"通道的选择，执行"图像>调整>色阶"菜单命令，然后在弹出的"色阶"对话框中设置"输入色阶"为（152，1.00，194），具体参数设置如图2-162所示，效果如图2-163所示。

图2-162

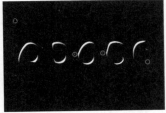

图2-163

专家点拨

在图2-169中可以观察到，画面中若出现红色圆圈中的白色区域，那是不需要的选区范围，应该将其去掉，可以将前景色设置为黑色，然后使用"画笔工具" 将其涂抹成黑色，如图2-164所示。

图2-164

06 载入"蓝副本"通道的选区，然后显示"字效"图层，并选择"字效"图层，接着使用白色填充选区，并暂时隐藏"图层1"和ADOBE图层，此时"图层"面板如图2-165所示，效果如图2-166所示。

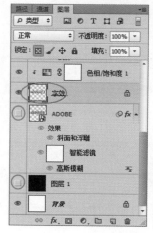

图2-165　　　　图2-166

07 载入"字效"图层的选区，然后执行"选择>修改>扩展"菜单命令，在弹出的"扩展选区"对话框中设置"扩展量"为10像素，如图2-167所示，效果如图2-168所示。

图2-167　　　　图2-168

08 在"字效"图层的下一层新建一个"边1"图层，用任意一种颜色填充选区，如图2-169所示，然后再次载入"字效"图层的选区，接着选择"边1"图层，并按Delete键删除选区内的像素，最后暂时隐藏"字效"图层，效果如图2-170所示。

图2-169　　　　图2-170

09 确定"边1"为当前图层，执行"图层>图层样式>斜面与浮雕"菜单命令，打开"图层样式"对话框，然后设置"深度"为160%、"大小"为9像素、"软化"为4像素，如图2-171所示，效果如图2-172所示。

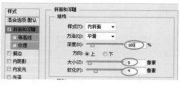

图2-171　　　　图2-172

10 在"图层样式"对话框中单击"渐变叠加"样式，然后单击"点可按编辑渐变"按钮，接着在弹出的"渐变编辑器"对话框中设置第1个色标颜色为（R:22, G:73, B:21），第2个色标颜色为（R:110, G:229, B:124），如图2-173和图2-174所示，效果如图2-175所示。

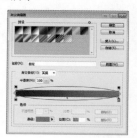

图2-173

图2-174　　　　图2-175

11 在"图层样式"对话框中单击"描边"样式，然后设置"大小"为3像素、"位置"为"内部"，具体参数设置如图2-176所示，效果如图2-177所示。

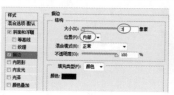

图2-176　　　　图2-177

12 载入"字效"图层的选区，然后执行"选择>修改>扩展"菜单命令，接着在弹出的"扩展选区"对话框中设置"扩展量"为16像素，如图2-178所示，效果如图2-179所示。

图2-178　　　　图2-179

13 在"边1"图层的下一层新建一个图层"边2",然后设置前景色为(R:180,G:85,B:180),接着按Alt+Delete组合键用前景色填充选区,效果如图2-180所示。

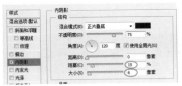

图2-180

14 确定"边2"图层为当前图层,执行"图层>图层样式>内阴影"菜单命令,打开"图层样式"对话框,然后设置"阻塞"为15%、"大小"为6像素,具体参数设置如图2-181所示,效果如图2-182所示。

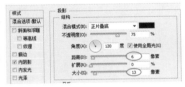

图2-181 图2-182

15 在"图层样式"对话框中单击"描边"样式,然后设置"距离"为6像素、"大小"为13像素,具体参数设置如图2-183所示,效果如图2-184所示。

图2-183 图2-184

2.6.3 制作放射背景特效

01 显示"图层1",然后使用"矩形选框工具"绘制一个如图2-185所示的选区,接着按住Shift键的同时继续绘制出如图2-186所示的选区。

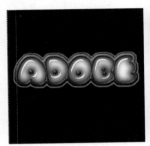

图2-185 图2-186

02 确定"图层1"为当前图层,按Delete键删除选区内的像素,效果如图2-187所示。

图2-187

03 按Ctrl+D组合键取消选区,然后执行"滤镜>扭曲>极坐标"菜单命令,在弹出的"极坐标"对话框中选择"平面坐标到极坐标",如图2-188所示,效果如图2-189所示。

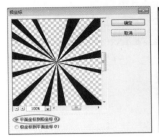

图2-188 图2-189

04 确定"图层1"为当前图层,单击"图层"面板上的"锁定透明像素"按钮,锁定该图层的透明像素,如图2-190所示,然后设置前景色为(R:0,G:132,B:255),接着按Alt+Delete组合键用前景色填充该图层,效果如图2-191所示。

图2-190 图2-191

05 选择"背景"图层,然后设置前景色为(R:0,G:210,B:255),接着按Alt+Delete组合键用前景色填充"背景"图层,最终效果如图2-192所示。

图2-192

2.7 玻璃文字特效

本例设计的玻璃文字效果。

实例位置：光盘>实例文件>CH02>2.7.psd
难易指数：★★★☆☆
技术掌握：掌握玻璃文字的设计思路与方法

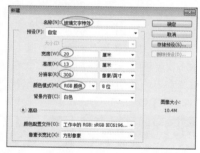

2.7.1 制作玻璃质感

01 启动Photoshop CS6，按Ctrl+N组合键新建一个"玻璃文字特效"文件，具体参数设置如图2-193所示。

图2-193

02 选择"渐变工具" ，然后打开"渐变编辑器"对话框，接着设置第1个色标的颜色为（R:53，G:0，B:1）、第2个色标的颜色为（R:112，G:3，B:3）、第3个色标的颜色为（R:53，G:0，B:1），如图2-194所示，最后从上向下为"背景"图层填充使用线性渐变色，效果如图2-195所示。

图2-194

图2-195

03 使用"钢笔工具" 在绘图区域中绘制出文字的路径，如图2-196所示。

04 新建一个"图层1"，然后按Ctrl+Enter组合键载入

路径的选区，接着使用白色填充选区，最后按Ctrl+D组合键取消选区，效果如图2-197所示。

图2-196

图2-197

05 设置"图层1"的"填充"为0%，如图2-198所示，然后执行"图层>图层样式>投影"菜单命令，打开"图层样式"对话框，接着设置"角度"为-147度、"距离"为8像素、"扩展"为17%、"大小"为40像素，具体参数设置如图2-199所示，效果如图2-200所示。

图2-198

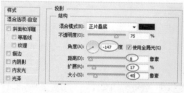

图2-199　　　　图2-200

06 在"图层样式"对话框中单击"外发光"样式，然后设置"不透明度"为47%、发光颜色为白色、"扩展"为5%、"大小"为27像素，具体参数设置如图2-201所示，效果如图2-202所示。

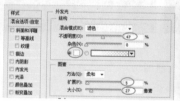

图2-201　　　　图2-202

07 在"图层样式"对话框中单击"斜面与浮雕"样式，然后设置"样式"为外斜面、"深度"为144%、"大小"为13像素、"光泽等高线"为"环形"，接着设置高光不透明度为100%、阴影不透明度为95%，具体参数设置如图2-203所示，效果如图2-204所示。

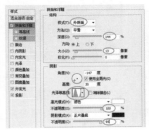
图2-203

图2-204

08 在"图层样式"对话框中单击"渐变叠加"样式，然后单击"点可按编辑渐变"按钮，接着在弹出的"渐变编辑器"对话框中设置第1个色标颜色为黑色、第2个色标颜色为白色、第3个色标颜色为黑色，如图2-205所示，接着返回到"图层样式"对话框，设置"不透明度"为20%，具体参数设置如图2-206所示，效果如图2-207所示。

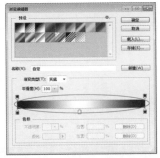
图2-205

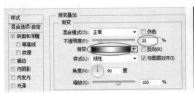
图2-206

图2-207

09 按D键还原前景色和背景色，然后载入"图层1"选区，如图2-208所示。

10 新建一个"图层2"，然后执行"滤镜>渲染>云彩"菜单命令，接着按Ctrl+D组合键取消选区，效果如图2-209所示。

图2-208

图2-209

11 执行"滤镜>滤镜库"菜单命令，打开"滤镜库"对话框，然后在"扭曲"滤镜组下选择"玻璃"滤镜，接着设置"扭曲度"为20、"平滑度"为1、"纹理"为

"小镜头"、"缩放"为56%，如图2-210所示，图像效果如图2-211所示。

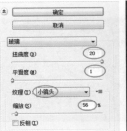
图2-210

图2-211

12 设置"图层2"的"混合模式"为"叠加"，如图2-212所示，效果如图2-213所示。

图2-212

图2-213

13 使用相同的方法制作其他文字，效果如图2-214所示。

图2-214

2.7.2 完善画面效果

01 使用"矩形选框工具"在绘图区域中绘制出如图2-215所示的矩形选区。

图2-215

02 新建一个"图层5"，然后使用白色填充选区，接着设置该图层的"混合模式"为"柔光"，如图2-216所示，效果如图2-217所示。

图2-216

图2-217

03 在"图层"面板下方单击"添加图层蒙版"按钮 ，为该图层添加一个图层蒙版，如图2-218所示。

图2-218

04 选择"图层5"图层的蒙版，然后使用"渐变工具" 在蒙版中从上往下填充黑色到白色的线性渐变，如图2-219所示，此时的蒙版效果如图2-220所示。

图2-219

图2-220

05 新建一个"图层6"，然后设置前景色为（R:255，G:163，B:39），接着使用"矩形选框工具" 在绘图区域中绘制出一个合适的矩形选区，最后按Alt+Delete组合键用前景色填充选区，完成后按Ctrl+D组合键取消选区，效果如图2-221所示。

图2-221

06 执行"图层>图层样式>斜面与浮雕"菜单命令，打

开"图层样式"对话框，然后设置"样式"为"浮雕效果"、"深度"为368%、"方向"为下、"大小"为57像素、"软化"为4像素，具体参数设置如图2-222所示，效果如图2-223所示。

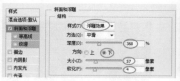

图2-222

图2-223

07 按Ctrl+J组合键复制出一个"图层6副本"图层，然后执行"编辑>变换>旋转90度（逆时针）"菜单命令，接着调整好位置，图像的最终效果如图2-224所示。

图2-224

2.8 立体光影文字特效

本例设计的水晶立体文字效果。

实例位置：光盘>实例文件>CH02>2.8.psd
难易指数：★★★☆☆
技术掌握：掌握水晶立体文字的设计思路与方法

2.8.1 制作文字立体效果

01 启动Photoshop CS6，按Ctrl+N组合键新建一个"立体光影文字"文件，具体参数设置如图2-225所示。

图2-225

02 设置前景色为白色、背景色为黑色,然后按Ctrl+Delete组合键用背景色填充"背景"图层,接着使用"横排文字工具"T在图像中输入文字,效果如图2-226所示。

03 在文字图层上单击鼠标右键,然后在弹出的菜单中选择"栅格化文字"命令,将文字图层转化为普通图层,接着将图层更名为"图层1",如图2-227所示。

图2-226　　　　　　　　图2-227

04 新建一个"图层2",然后载入"图层1"的选区,接着执行"编辑>描边"菜单命令,在弹出的"描边"对话框中设置"宽度"为6像素、"颜色"为(R:255,G:0,B:210)、"位置"为"内部",具体参数设置如图2-228所示,效果如图2-229所示。

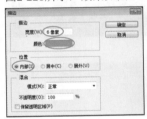 

图2-228　　　　　　　　图2-229

05 设置"图层2"的"不透明度"为50%,如图2-230所示,效果如图2-231所示。

图2-230　　　　　　　　图2-231

06 选择"工具箱"中的"移动工具",然后按住Shift键单击键盘上的右方向键→和下方向键↓各一次,效果如图2-232所示。

图2-232

07 暂时隐藏"图层1"并载入"图层1"选区,然后新建一个"图层3",接着设置前景色为(R:100,G:1,B:83),最后按Alt+Delete组合键用前景色填充选区,如图2-233所示,效果如图2-234所示。

图2-233　　　　　　　　图2-234

08 确定当前图层为"图层3",执行"滤镜>模糊>动感模糊"菜单命令,然后在弹出的"动感模糊"对话框中设置"角度"为-45度、"距离"为30像素,如图2-235所示,效果如图2-236所示。

图2-235　　　　　　　　图2-236

09 执行"滤镜>风格化>查找边缘"菜单命令,得到的图像效果如图2-237所示。

10 按Ctrl键载入"图层1"选区,然后新建一个"图层4",接着再次执行"描边"命令,效果如图2-238所示。

图2-237　　　　　　　　图2-238

11 确定当前图层为"图层4",再次执行"动感模糊"命令,效果如图2-239所示。

12 执行"滤镜>风格化>查找边缘"菜单命令,得到的图像效果如图2-240所示。

图2-239　　　　　　　　　　　　图2-240

13 新建一个"图层5"，然后再次载入"图层1"选区，接着选择"渐变工具" █，打开"渐变编辑器"对话框，选择"前景色到背景色渐变"，如图2-241所示，最后从下向上为选区填充使用线性渐变色，如图2-242所示。

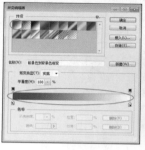

图2-241　　　　　　　　　　　　图2-242

14 设置"图层5"的"混合模式"为"线性加深"，如图2-243所示，效果如图2-244所示。

图2-243　　　　　　　　　　　　图2-244

15 按Ctrl+J组合键复制出一个"图层2副本"图层，然后将该图层拖曳到所有图层最上方，接着设置该图层的"混合模式"为"叠加"、"不透明度"为100%，如图2-245所示，效果如图2-246所示。

图2-245　　　　　　　　　　　　图2-246

2.8.2　制作倒影效果

01 暂时隐藏"背景"图层，然后选择"图层2副本"图层，接着按Shift+Alt+Ctrl+E组合键盖印所有可见图层，得到"图层6"，如图2-247所示。

图2-247

02 显示"背景"图层，然后执行"编辑>变换>垂直翻转"菜单命令，如图2-248所示。

图2-248

03 在"图层"面板下方单击"添加图层蒙版"按钮 █，为该图层添加一个图层蒙版，如图2-249所示。

图2-249

04 选择"图层6"图层的蒙版，然后使用"渐变工具" █在蒙版中从下往上填充黑色到白色的线性渐变，如图2-250所示，此时的蒙版效果如图2-251所示。

图2-250　　　　　　　　　　　　图2-251

05 设置该图层的"不透明度"为50%，如图2-252所示，最终效果如图2-253所示。

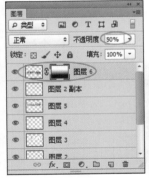 

图2-252　　　　　　　　　　图2-253

2.9 积木文字特效

本例设计的积木文字效果。

实例位置：光盘>实例文件>CH02>2.9.psd
难易指数：★★★☆☆
技术掌握：掌握积木文字特效的设计思路与方法

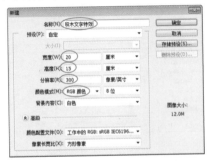

2.9.1 制作积木质感

01 启动Photoshop CS6，按Ctrl+N组合键新建一个"积木文字特效"文件，具体参数设置如图2-254所示。

图2-254

02 使用"横排文字工具" T （字体大小和样式可根据实际情况而定）在绘图区域中输入文字信息，效果如图2-255所示。

03 在文字图层上单击鼠标右键，然后在弹出的菜单中选择"栅格化文字"命令，将文字图层转化为普通图层，接着将图层更名为"图层1"，如图2-256所示。

图2-255　　　　　　　　　　图2-256

04 按Ctrl+J组合键复制出一个"图层1副本"图层，然后执行"滤镜>杂色>添加杂色"菜单命令，接着在弹出的"添加杂色"对话框中勾选"着色"，最后设置"数量"为100%、"分布"为"高斯分布"，如图2-257所示，效果如图2-258所示。

图2-257　　　　　　　　　　图2-258

05 执行"滤镜>模糊>动感模糊"菜单命令，然后在弹出的"动感模糊"对话框中设置"角度"为0度、"距离"为100像素，如图2-259所示，效果如图2-260所示。

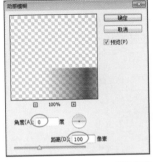 

图2-259　　　　　　　　　　图2-260

06 载入"图层1"选区，然后按Shift+F7组合键将选区反选，如图2-261所示，接着按Delete键删除选区内的图像，效果如图2-262所示。

图2-261　　　　　　　　　　　图2-262

07 暂时隐藏"图层1"图层，如图2-263所示，效果如图2-264所示。

图2-263　　　　　　　　　　　图2-264

08 确定"图层1副本"为当前图层，执行"图层>图层样式>斜面与浮雕"菜单命令，打开"图层样式"对话框，然后设置"深度"为75%，具体参数设置如图2-265所示，效果如图2-266所示。

图2-265　　　　　　　　　　　图2-266

09 在"图层样式"对话框中单击"颜色叠加"样式，然后设置"混合模式"为"线性减淡（添加）"、叠加颜色为（R:253，G:239，B:118），具体参数设置如图2-267所示，效果如图2-268所示。

图2-267　　　　　　　　　　　图2-268

10 在"图层样式"对话框中单击"光泽"样式，然后设置效果颜色为白色、"距离"为11像素、"大小"为14像素，具体参数设置如图2-269所示，效果如图2-270所示。

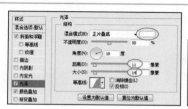 

图2-269　　　　　　　　　　　图2-270

11 在"图层样式"对话框中单击"描边"样式，然后设置"大小"为3像素、"颜色"为（R:136，G:99，B:1），具体参数设置如图2-271所示，效果如图2-272所示。

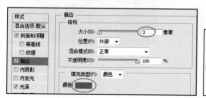 

图2-271　　　　　　　　　　　图2-272

2.9.2 添加金属特效

01 设置前景色为（R:204，G:204，B:204），然后使用"椭圆选框工具" ⬭ 在绘图区域中绘制一个如图2-273所示的矩形选区。

02 新建一个"图层2"，然后按Alt+Delete组合键用前景色填充选区，完成后按Ctrl+D组合键取消选区，效果如图2-274所示。

 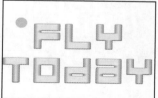

图2-273　　　　　　　　　　　图2-274

03 执行"图层>图层样式>内阴影"菜单命令，打开"图层样式"对话框，然后设置"距离"为5像素、"大小"为5像素，具体参数设置如图2-275所示，效果如图2-276所示。

图2-275　　　　　　　　　　　图2-276

04 在"图层样式"对话框中单击"斜面与浮雕"样式，然后设置"大小"为30像素，具体参数设置如图2-277所示，效果如图2-278所示。

图2-277　　　　　　图2-278

05 设置前景色为（R:153，G:153，B:153），然后使用"矩形选框工具" 在绘图区域中绘制一个如图2-279所示的矩形选区。

06 新建一个"图层3"，然后按Alt+Delete组合键用前景色填充选区，完成后按Ctrl+D组合键取消选区，效果如图2-280所示。

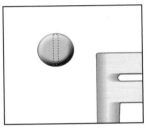 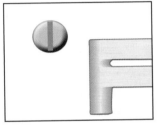

图2-279　　　　　　图2-280

07 执行"编辑>自由变换"命令，然后在选项栏中设置"旋转"为15度，如图2-281所示，效果如图2-282所示。

08 按Ctrl+J组合键复制出一个"图层3副本"图层，然后执行"编辑>变换>水平翻转"菜单命令，效果如图2-283所示，接着按Ctrl+E组合键将"图层3"和"图层3副本"图层合并为一个图层。

图2-281

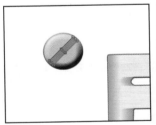 

图2-282　　　　　　图2-283

09 执行"图层>图层样式>斜面与浮雕"菜单命令，打开"图层样式"对话框，然后设置"方向"为"下"、"大小"为8像素，具体参数设置如图2-284所示，效果如图2-285所示。

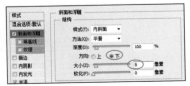 

图2-284　　　　　　图2-285

10 在"图层样式"对话框中单击"光泽"样式，然后设置"不透明度"为30%、"距离"为11像素、"大小"为16像素，具体参数设置如图2-286所示，效果如图2-287所示。

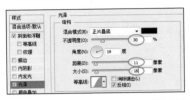 

图2-286　　　　　　图2-287

11 执行"编辑>自由变换"菜单命令或Ctrl+T组合键进入自由变换状态，然后按住Shift键向左上方拖曳右下角的角控制点，将其等比例缩小到如图2-288所示的大小。

12 按Alt键拖动并复制图像，效果如图2-289所示。

图2-288　　　　　　图2-289

专家点拨

在选择多个图层时，按Shift键同时单击图层，可以选择多个相邻图层；按Ctrl键可选择多个不相邻的图层。

13 将所有复制的图像选中，然后按Ctrl+E组合键合并为一个图层，得到"图层3副本23"，如图2-290所示。

图2-290

14 执行"图层>图层样式>投影"菜单命令，打开"图层样式"对话框，然后设置"距离"为2像素、"大小"为2像素，具体参数设置如图2-291所示，效果如图2-292所示。

图2-291　　　　　　图2-292

15 在"图层样式"对话框中单击"斜面与浮雕"样式，然后设置"大小"为2像素，具体参数设置如图2-293所示，效果如图2-294所示。

 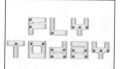

图2-293　　　　　　　图2-294

2.9.3　制作背景特效

01 打开光盘中的"光盘>素材文件>CH02>木纹.jpg"文件，然后使用"移动工具" ⊕ 将其拖曳到当前文档中，并将新生成的图层命名为"图层2"，效果如图2-295所示。

02 载入"图层1"选区，然后执行"选择>反向"菜单命令，接着按Delete键删除选区内的图像，效果如图2-296所示。

图2-295　　　　　　　图2-296

03 将"图层2"拖曳至"图层3副本23"图层的下方，然后设置该图层的"混合模式"为"正片叠底"，如图2-297所示，效果如图2-298所示。

图2-297

图2-298

04 选择"图层3副本23"图层，然后在"图层"面板下方单击"创建新的填充或调整图层"按钮 ⊙，在弹出的菜单中选择"色阶"命令，接着在"属性"面板中设置

"输入色阶"为（55，1.00，255），具体参数设置如图2-299所示，效果如图2-300所示。

图2-299　　　　　　　图2-300

05 选择"图层3副本23"图层，然后执行"图层>图层样式>投影"菜单命令，打开"图层样式"对话框，然后设置"不透明度"为48%、"角度"为118度、"距离"为13像素、"大小"为8像素，具体参数设置如图2-301所示，效果如图2-302所示。

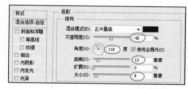 

图2-301　　　　　　　图2-302

06 选择"背景"图层，然后设置前景色为黑色，接着按Alt+Delete组合键用前景色填充图层，效果如图2-303所示。

07 打开光盘中的"光盘>素材文件>CH02>背景.jpg"文件，然后使用"移动工具" ⊕ 将其拖曳到当前文档中，并将新生成的图层命名为"图层4"，效果如图2-304所示。

图2-303　　　　　　　图2-304

08 设置"图层4"的"混合模式"为"线性光"，如图2-305所示，效果如图2-306所示。

09 确定"图层4"为当前图层，在"图层"面板下方单击"创建新的填充或调整图层"按钮 ⊙，在弹出的菜单中选择"色相/饱和度"命令，然后在"属性"面板中设置"饱和度"为-18、"明度"为5，具体参数设置如图

2-307所示，最终效果如图2-308所示。

图2-305

图2-306

图2-307

图2-308

2.10 五彩文字特效

本例设计的另类文字效果。

实例位置：光盘>实例文件>CH02>2.10.psd
难易指数：★★★☆☆
技术掌握：掌握五彩文字特效的设计思路与方法

2.10.1 制作背景特效

01 启动Photoshop CS6，按Ctrl+N组合键新建一个"五彩文字特效"文件，具体参数设置如图2-309所示。

02 按D键还原前景色和背景色，然后使用黑色填充"背景"图层，如图2-310所示。

图2-309　　　　图2-310

03 新建一个"图层1"，然后按Ctrl+R组合键显示标尺，接着使用"单列选框工具" ▯ 在绘图区域中按照标尺的尺度进行单击，并按Shift键继续单击，如图2-311所示。

04 设置前景色为（R:0，G:66，B:174），然后按Alt+Delete组合键用前景色填充选区，完成后按Ctrl+D组合键取消选区，效果如图2-312所示。

图2-311　　　　图2-312

05 按Ctrl+J组合键复制出一个"图层1副本"图层，然后执行"编辑>变换>旋转90度（逆时针）"菜单命令，接着调整好位置和大小，最后按Ctrl+E组合键将"图层1"和"图层1副本"图层合并为一个图层，效果如图2-313所示。

图2-313

06 执行"图层>图层样式>投影"菜单命令，打开"图层样式"对话框，然后为"图层1"图层添加一个系统默认的"投影"样式；在"图层样式"对话框中单击"斜面与浮雕"样式，然后设置"样式"为"枕状浮雕"、"深度"为300%、"大小"为5像素，具体参数设置如图2-314所示，效果如图2-315所示。

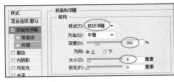

图2-314　　　　图2-315

07 在"图层样式"对话框中单击"渐变叠加"样式，然后为其添加一个系统预设的"色谱"，如图2-316和图2-317所示，效果如图2-318所示。

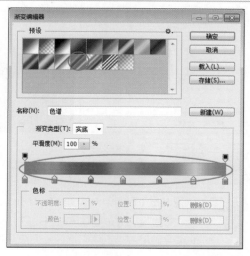

图2-316

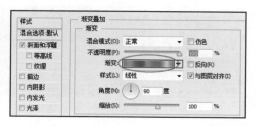

图2-317

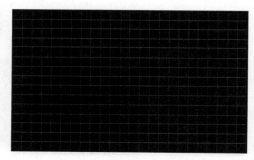

图2-318

08 在"图层"面板下方单击"添加图层蒙版"按钮 □ ，为该图层添加一个图层蒙版，如图2-319所示。

图2-319

09 选择"图层1"图层的蒙版，然后使用"渐变工具" □ 在蒙版中按照如图2-320所示的方向填充黑色到白色的径向渐变，此时的蒙版效果如图2-321所示。

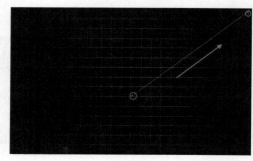

图2-320

图2-321

2.10.2 制作文字渐变效果

01 设置前景色为（R:30，G:13，B:197），然后使用"横排文字工具" □ 在绘图区域中输入文字信息，效果如图2-322所示。

02 按Ctrl键载入文字图层选区，然后新建一个"图层2"，接着打开"渐变编辑器"对话框，选择系统预设的"色谱"，如图2-323所示，最后按照如图2-324所示为选区填充渐变色。

图2-322

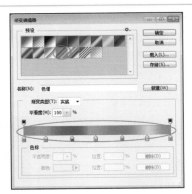

图2-323

图2-324

图2-327

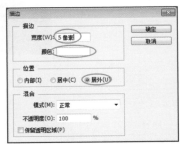

图2-328

03 暂时隐藏文字图层，然后设置"图层2"的"混合模式"为"差值"、"不透明度"为50%，如图2-325所示，效果如图2-326所示。

图2-325

图2-329

05 按Ctrl+D组合键取消选区，然后执行"图层>图层样式>外发光"菜单命令，打开"图层样式"对话框，接着打开"渐变编辑器"对话框，为其添加一个系统预设的"色谱"，最后设置"扩展"为13%、"大小"为10像素，如图2-330所示，效果如图2-331所示。

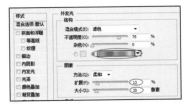

图2-330

图2-326

04 保持选区状态，新建一个"图层3"，然后将该图层拖曳到"图层2"的下方，如图2-327所示，接着执行"编辑>描边"菜单命令，最后在弹出的"描边"对话框中设置"宽度"为5像素、"颜色"为白色、"位置"为"居外"，如图2-328所示，效果如图2-329所示。

图2-331

06 在"图层样式"对话框中单击"斜面与浮雕"样式,然后设置"深度"为327%、"大小"为7像素,具体参数设置如图2-332所示,效果如图2-333所示。

图2-332

图2-333

2.10.3 完善画面整体效果

01 选择"图层2"图层,然后按Shift+Ctrl+Alt+E组合键将可见图层盖印到"图层4"上,接着设置该图层的"混合模式"为"变暗",如图2-334所示,效果如图2-335所示。

图2-334   图2-335

02 执行"滤镜>滤镜库"菜单命令,打开"滤镜库"对话框,然后在"艺术效果"滤镜组下选择"海报边缘"滤镜,接着设置"边缘厚度"为3、"海报化"为3,如图2-336所示,图像效果如图2-337所示。

图2-336   图2-337

03 执行"滤镜>渲染>镜头光晕"菜单命令,打开"镜头光晕"对话框,然后将光晕拖曳到画面中央,接着设

置"亮度"为252%,具体参数设置如图2-338所示,效果如图2-339所示。

图2-338   图2-339

04 使用"横排文字工具" T 在绘图区域中输入相关文字信息,最终效果如图2-340所示。

图2-340

2.11 课后练习1:金属文字特效

本例设计的金属文字效果。

实例位置:光盘>实例文件>CH02>2.11.psd
难易指数:★★★☆☆
技术掌握:掌握金属文字特效的设计思路与方法

步骤分解如图2-341所示。

制作粗糙背景和添加文字   表现立体特效   表现金属字体特效

图2-341

2.12 课后练习2：水滴文字特效

本例设计的水滴文字效果。

实例位置：光盘>实例文件>CH02>2.12.psd
难易指数：★★★☆☆
技术掌握：掌握水滴文字特效的设计思路与方法

步骤分解如图2-342所示。

制作水滴字的造型　　　　　　　制作水滴字的特效　　　　　　　完善水滴效果

图2-342

2.13 本章小结

　　通过本章的学习，应该对文字特效设计有一个完整的概念，在设计中要求文字传达的宣传信息要清晰、突出、有力。字体特效设计，能让人加深字体本身的印象，起到良好的宣传效果，对宣传销售、树立名牌、增强竞争力起到很重要的作用，但是字体特效必须表现出设计的主题，才是设计的重点。

第3章
绘画特效表现

↙ 本章导读

　　本章将学习如何在Photoshop中将照片素材修改成油画、水彩、水墨以及钢笔淡彩等绘画效果的技法。在实际操作中，制作方法不能生搬硬套，应当对不同绘画形式的特点有所了解，如油画的厚重、水彩的淡雅、水墨画的写意和钢笔淡彩的轻快，只有对这些绘画的特点有了一定了解，才能在Photoshop的修改操作中做到有的放矢。

Learning Objectives

 水彩特效的表现技法

 油画特效的表现技法

 水墨特效的表现技法

 钢笔淡彩特效的表现技法

 彩铅特效的表现技法

 水粉画的表现技法

 版画的表现技法

 卡通插画的表现技法

 粉笔画的表现技法

3.1　水彩画特效

本例设计的水彩画效果。

实例位置：光盘>实例文件>CH03>3.1.psd
难易指数：★★☆☆☆
技术掌握：掌握水彩画的设计思路与方法

3.1.1　制作水彩特效

　　🔲 启动Photoshop CS6，按Ctrl+N组合键新建一个"水彩画"文件，具体参数设置如图3-1所示。

　　🔲 打开光盘中的"光盘>素材文件>CH03>风景.jpg"文件，然后将其拖曳到"水彩画"操作界面中，接着将新生成的图层更名为"风景"图层，如图3-2所示。

图3-1　　　　　　　　　　　　　　　　图3-2

　　🔲 按Ctrl+J组合键复制一个"风景副本"图层，并将其更名为"湿特效"，然后执行"滤镜>模糊>高斯模糊"菜单命令，接着在弹出的"高斯模糊"对话框中设置"半径"为4像素，如图3-3所示，效果如图3-4所示。

图3-3　　　　　　　　　　　　　　　　图3-4

[04] 选择"风景"图层，然后按Ctrl+J组合键复制一个"风景副本2"图层，并将其更名为"干特效"，接着将该图层放置到"湿"图层的上一层，如图3-5所示。

图3-5

[05] 执行"滤镜>模糊>特殊模糊"菜单命令，然后在弹出的"特殊模糊"对话框中设置"半径"为32.2、"阈值"为58.3、"品质"为"中"，如图3-6所示，效果如图3-7所示。

图3-6　　　　　　　　　图3-7

[06] 执行"滤镜>滤镜库"菜单命令，打开"滤镜库"对话框，然后在"艺术效果"滤镜组下选择"干画笔"滤镜，接着设置"画笔大小"为2，如图3-8所示，图像效果如图3-9所示。

图3-8　　　　　　　　　图3-9

[07] 按Ctrl+J组合键将"风景"图层再复制一层，并将其更名为"细节"，然后将该图层放置在最上层，如图3-10所示。

图3-10

[08] 执行"滤镜>滤镜库"菜单命令，打开"滤镜库"对话框，然后在"艺术效果"滤镜组下选择"水彩"滤镜，接着设置"画笔细节"为1，如图3-11所示，图像效果如图3-12所示。

图3-11　　　　　　　　　图3-12

3.1.2　合成水彩特效

[01] 暂时隐藏"细节"图层，然后选择"干特效"图层，接着在"图层"面板下方单击"添加图层蒙版"按钮，为该图层添加一个图层蒙版，如图3-13所示。

图3-13

[02] 选择"画笔工具"，然后设置前景色为黑色，并在选项栏中选择一种柔边笔刷，接着设置"大小"为150像素、"不透明度"为100%，如图3-14所示。

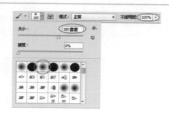

图3-14

03 选择"干特效"图层的蒙版，然后使用"画笔工具" ☑ 在蒙版中涂抹，并将图层上的远景、水面和天空部分隐藏起来，效果如图3-15所示。

图3-15

04 显示"细节"图层，并设置该图层的"混合模式"为"柔光"，如图3-16所示，效果如图3-17所示。

图3-16　　　　　　　　　图3-17

05 选择"细节"图层，接着在"图层"面板下方单击"添加图层蒙版"按钮 ▣ ，为该图层添加一个图层蒙版，如图3-18所示。

06 保持对"细节"图层的蒙版的选择，然后使用黑色画笔在蒙版中涂抹，将远处的树与天空绘制成如图3-19所示的效果。

图3-18　　　　　　　　　图3-19

3.1.3　制作纸纹特效

01 在最上层新建一个"纸纹"图层，然后设置前景色为（R: 128，G: 128，B:128），接着按Alt+Delete组合键用前景色填充该图层，如图3-20所示。

图3-20

02 执行"滤镜>滤镜库"菜单命令，打开"滤镜库"对话框，然后在"纹理"滤镜组下选择"纹理化"滤镜，接着设置"缩放"为110%，如图3-21所示，图像效果如图3-22所示。

图3-21　　　　　　　　　图3-22

03 设置"纸纹"图层的"混合模式"为"叠加"，如图3-23所示，效果如图3-24所示。

图3-23　　　　　　　　　图3-24

04 确定"纸纹"图层为当前图层，在"图层"面板下方单击"创建新的填充或调整图层"按钮 ◐ ，在弹出的菜单中选择"色相/饱和度"命令，然后在"属性"面板中设置"饱和度"为-50，具体参数设置如图3-25所示，效果如图3-26所示。

图3-25　　　　　　　　　　图3-26

05　　在"图层"面板下方单击"创建新的填充或调整图层"按钮 ，然后为其添加一个"色彩平衡"调整图层，具体参数设置如图3-27所示，最终效果如图3-28所示。

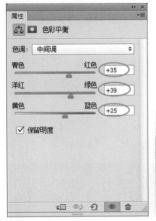

图3-27　　　　　　　　　　图3-28

3.2 油画特效

本例设计的油画效果。
实例位置：光盘>实例文件>CH03>3.2.psd
难易指数：★★☆☆☆
技术掌握：掌握油画的设计思路与方法

3.2.1　制作油画特效

01　　启动Photoshop CS6，按Ctrl+N组合键新建一个"油画"文件，具体参数设置如图3-29所示。

图3-29

02　　打开光盘中的"光盘>素材文件>CH03>风景2.jpg"文件，然后将其拖曳到"油画"操作界面中，接着将新生成的图层更名为"风景"图层，如图3-30所示。

图3-30

03　　按Ctrl+J组合键复制一个"风景副本"图层，并将其更名为"图层1"，然后执行"滤镜>其他>高反差保留"菜单命令，接着在弹出的"高反差保留"对话框中设置"半径"为8像素，如图3-31所示，效果如图3-32所示。

图3-31　　　　　　　　　　图3-32

 专家点拨

　　高反差保留滤镜可以在图像中有强烈颜色转变的地方按指定的半径保留边缘细节，而将其他部分颜色删除。

04　　执行"滤镜>滤镜库"菜单命令，打开"滤镜库"对话框，然后在"艺术效果"滤镜组下选择"绘画涂抹"滤镜，接着设置"画笔大小"为5、"锐化程度"为10，如图3-33所示，图像效果如图3-34所示。

图3-33   图3-34

05 暂时隐藏"图层1"图层，然后选择"背景"图层，打开"滤镜库"对话框，接着在"艺术效果"滤镜组下选择"绘画涂抹"滤镜，最后设置"画笔大小"为6、"锐化程度"为9，如图3-35所示，图像效果如图3-36所示。

图3-35   图3-36

06 显示"图层1"图层，并设置该图层的"混合模式"为"差值"，如图3-37所示，效果如图3-38所示。

图3-37   图3-38

07 确定"图层1"为当前图层，按Ctrl+J组合键复制一个副本图层，并将其更名为"图层2"，图像效果如图3-39所示。

图3-39

3.2.2 制作纸纹特效

01 在最上层新建一个"纸纹"图层，然后设置前景色

为（R: 145，G: 128，B:128），接着按Alt+Delete组合键用前景色填充该图层，如图3-40所示。

图3-40

02 执行"滤镜>滤镜库"菜单命令，打开"滤镜库"对话框，然后在"纹理"滤镜组下选择"纹理化"滤镜，接着设置"缩放"为110%，如图3-41所示，图像效果如图3-42所示。

图3-41   图3-42

03 设置"纸纹"图层的"混合模式"为"叠加"，如图3-43所示，效果如图3-44所示。

图3-43   图3-44

3.2.3 调整画面色调

01 确定"纸纹"图层为当前图层，在"图层"面板下方单击"创建新的填充或调整图层"按钮，在弹出的菜单中选择"色相/饱和度"命令，然后在"属性"面板中设置"色相"为-13、"饱和度"为12、"明度"为2，具体参数设置如图3-45所示，效果如图3-46所示。

02 在"图层"面板下方单击"创建新的填充或调整图层"按钮，然后为其添加一个"色彩平衡"调整图层，具体参数设置如图3-47所示，最终效果如图3-48所示。

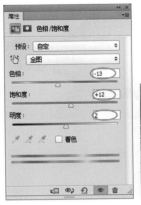

图3-45

图3-46

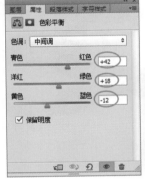

图3-47

图3-48

3.3 水墨画

本例设计的水墨画效果。

实例位置：光盘>实例文件>CH03>3.3.psd
难易指数：★★☆☆☆
技术掌握：掌握水墨画的设计思路与方法

3.3.1 确定基本色调

01 启动Photoshop CS6，按Ctrl+N组合键新建一个"水墨画"文件，具体参数设置如图3-49所示。

02 打开光盘中的"光盘>素材文件>CH03>风景3.jpg"

文件，然后将其拖曳到"水墨画"操作界面中，接着将新生成的图层更名为"风景"图层，如图3-50所示。

图3-49

图3-50

03 在"图层"面板下方单击"创建新的填充或调整图层"按钮 ◎.，在弹出的菜单中选择"亮度/对比度"命令，然后在"属性"面板中设置"亮度"为40、"对比度"为100，具体参数设置如图3-51所示，效果如图3-52所示。

图3-51

图3-52

04 在"图层"面板下方单击"创建新的填充或调整图层"按钮 ◎.，在弹出的菜单中选择"选取颜色"命令，然后在"属性"面板中设置"颜色"为"白色"，接着设置"黑色"为-100%，具体参数设置如图3-53所示，效果如图3-54所示。

图3-53

图3-54

05 继续为该图层添加一个"选取颜色"调整图层，然后在"属性"面板中设置"颜色"为"黑色"，接着设置"青色"为65%、"洋红"为53%、"黄色"为24%、"黑色"为38%，具体参数设置如图3-55所示，效果如图3-56所示。

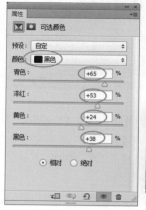

图3-55   图3-56

3.3.2 制作水墨效果

01 新建一个"图层1"图层，然后按Shift+Ctrl+Alt+E组合键盖印图层，接着执行"图像>调整>去色"菜单命令，效果如图3-57所示。

图3-57

02 执行"滤镜>滤镜库"菜单命令，打开"滤镜库"对话框，然后在"画笔描边"滤镜组下选择"喷溅"滤镜，接着设置"喷色半径"为17、"锐化程度"为3，如图3-58所示，图像效果如图3-59所示。

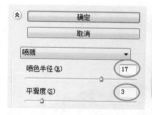

图3-58   图3-59

03 执行"滤镜>滤镜库"菜单命令，打开"滤镜库"对话框，然后在"艺术效果"滤镜组下选择"干画笔"滤镜，接着设置"画笔大小"为2、"画笔细节"为8、"纹理"为2，如图3-60所示，图像效果如图3-61所示。

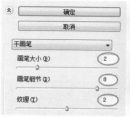

图3-60   图3-61

04 设置"图层1"图层的"混合模式"为"滤色"，如图3-62所示，效果如图3-63所示。

图3-62   图3-63

05 确定"图层1"图层为当前图层，在"图层"面板下方单击"创建新的填充或调整图层"按钮 ◎.，在弹出的菜单中选择"色相/饱和度"命令，然后在"属性"面板中设置"饱和度"为-60，具体参数设置如图3-64所示，效果如图3-65所示。

图3-64   图3-65

3.3.3 完善画面效果

01 在最上层新建一个图层，然后用白色填充该图层，接着在"图层"面板下方单击"添加图层蒙版"按钮 ◻，为该图层添加一个图层蒙版，如图3-66所示。

图3-66

02 选择"图层2"图层的蒙版,然后使用"渐变工具"在蒙版中从上往下填充黑色到白色的线性渐变,如图3-67所示,接着设置图层的"不透明度"为90%,此时的蒙版效果如图3-68所示。

图3-67　　　　　　　图3-68

03 打开光盘中的"光盘>素材文件>CH03>文字.psd"文件,然后将其拖曳到"水墨画"操作界面中,并将新生成的图层更名为"文字"图层,效果如图3-69所示。

04 按Ctrl+T组合键进入自由变换状态,然后按住Shift键向左上方拖曳定界框右下角的角控制点,将其等比例缩小到如图3-70所示的大小。

图3-69　　　　　　　图3-70

05 使用"套索工具"框选出下面的3个文字,如图3-71所示,然后使用"移动工具"调整文字的排列方式,并将其垂直向下拖曳到如图3-72所示的位置。

图3-71　　　　　　　图3-72

06 保持选区状态,按Ctrl+T组合键进入自由变换状态,然后按住Shift键向左上方拖曳定界框右下角的角控制点,将其等比例缩小到如图3-73所示的大小。

图3-73

07 继续使用"套索工具"框选出"人家"2个文字,如图3-74所示,然后使用"移动工具"将图像垂直向上拖曳到如图3-75所示的位置。

图3-74　　　　　　　图3-75

08 采用相同的方法将直排文字更改为横排文字,效果如图3-76所示。

09 打开光盘中的"光盘>素材文件>CH03>鱼.psd"文件,然后将其拖曳到"水墨画"操作界面中,并调整好其位置和大小,最终效果如图3-77所示。

图3-76　　　　　　　图3-77

3.4 钢笔淡彩特效

本例设计的钢笔淡彩效果。

实例位置:光盘>实例文件>CH03>3.4.psd
难易指数:★★☆☆☆
技术掌握:掌握钢笔淡彩的设计思路与方法

3.4.1 制作钢笔速写特效

01 启动Photoshop CS6，按Ctrl+N组合键新建一个"钢笔淡彩"文件，具体参数设置如图3-78所示。

图3-78

02 打开光盘中的"光盘>素材文件>CH03>风景4.jpg"文件，然后将其拖曳到"钢笔淡彩"操作界面中，接着将新生成的图层更名为"风景"图层，如图3-79所示。

图3-79

03 按Ctrl+J组合键复制一个"风景副本"图层，并将其更名为"钢笔轮廓"，然后执行"滤镜>模糊>特殊模糊"菜单命令，在弹出的"特殊模糊"对话框中设置"半径"为45、"阈值"为100、"模式"为"仅限边缘"，如图3-80所示，效果如图3-81所示。

图3-80

图3-81

04 确定"钢笔轮廓"图层为当前图层，执行"图像>调整>反相"菜单命令，效果如图3-82所示。

图3-82

05 执行"滤镜>模糊>高斯模糊"菜单命令，然后在弹出的"高斯模糊"对话框中设置"半径"为0.5像素，如图3-83所示，效果如图3-84所示。

图3-83

图3-84

3.4.2 添加淡彩特效

01 按Ctrl+J组合键将"风景"图层再复制一层，并将其更名为"淡彩"，然后隐藏"钢笔轮廓"图层，如图3-85所示。

图3-85

02 执行"滤镜>滤镜库"菜单命令，打开"滤镜库"对话框，然后在"艺术效果"滤镜组下选择"干画笔"滤镜，接着设置"画笔大小"为10、"画笔细节"为10、"纹理"为1，如图3-86所示，图像效果如图3-87所示。

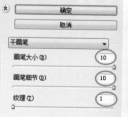

图3-86

图3-87

03 执行"滤镜>模糊>特殊模糊"菜单命令，然后在弹出的"特殊模糊"对话框中设置"半径"为100、"阈值"为100、"品质"为"中"，如图3-88所示，效果如图3-89所示。

图3-88   图3-89

04 执行"滤镜>模糊>高斯模糊"菜单命令，然后在弹出的"高斯模糊"对话框中设置"半径"为3像素，如图3-90所示，效果如图3-91所示。

图3-90   图3-91

05 执行"滤镜>滤镜库"菜单命令，打开"滤镜库"对话框，然后在"艺术效果"滤镜组下选择"水彩"滤镜，接着设置"画笔细节"为10、"纹理"为1，如图3-92所示，效果如图3-93所示。

图3-92   图3-93

06 确定"淡彩"为当前图层，在"图层"面板下方单击"创建新的填充或调整图层"按钮，在弹出的菜单中选择"色相/饱和度"命令，然后在"属性"面板中设置"饱和度"为65，具体参数设置如图3-94所示，效果如图3-95所示。

图3-94   图3-95

07 在"图层"面板下方单击"创建新的填充或调整图层"按钮，然后为其添加一个"色彩平衡"调整图层，具体参数设置如图3-96所示，效果如图3-97所示。

图3-96   图3-97

08 显示"钢笔轮廓"图层，然后设置该图层的"混合模式"为"正片叠底"，如图3-98所示，效果如图3-99所示。

图3-98   图3-99

3.4.3 添加笔触特效

01 在最上层新建一个"笔触"图层，然后用白色填充该图层，接着在"图层"面板下方单击"添加图层蒙版"按钮，为该图层添加一个图层蒙版，如图3-100所示。

图3-100

02 单击"工具箱"中的"画笔工具"按钮，并在选项栏中选择"粗边圆形钢笔"画笔样式，然后单击"切换画笔面板"按钮，打开"画笔预设"对话框，具体参数设置如图3-101所示。

图3-105　　　　　　　　　　　　　　　　图3-106

图3-101

03 保持对"笔触"图层的蒙版的选择，然后设置前景色为黑色，使用上一步设置好的"画笔工具" ☑ 显示出该图层下面的钢笔淡彩效果，此时蒙版效果如图3-102所示，图像效果如图3-103所示。

04 设置"笔触"图层的"不透明度"为75%，效果如图3-104所示。

06 在最上层新建一个"纸纹"图层，然后设置前景色为（R:128，G:128，B:128），接着按Alt+Delete组合键用前景色填充该图层，如图3-107所示。

07 执行"滤镜>滤镜库"菜单命令，打开"滤镜库"对话框，然后在"纹理"滤镜组下选择"纹理化"滤镜，接着设置"凸现"为4，如图3-108所示，图像效果如图3-109所示。

图3-102

图3-107

图3-108　　　　　　　　　　　　　　　　图3-109

08 确定"纸纹"为当前图层，设置该图层的"混合模式"为"叠加"，最终效果如图3-110所示。

图3-103　　　　　　图3-104

05 在"图层"面板下方单击"创建新的填充或调整图层"按钮 ◘，在弹出的菜单中选择"色相/饱和度"命令，然后在"属性"面板中设置"色相"为228、"饱和度"为65、"明度"为18，具体参数设置如图3-105所示，效果如图3-106所示。

图3-110

3.5 水溶彩铅画特效

本例设计的彩铅画效果。

实例位置：光盘>实例文件>CH03>3.5.psd
难易指数：★★☆☆☆
技术掌握：掌握水溶彩铅画的设计思路与方法

3.5.1 制作彩铅效果

01 启动Photoshop CS6，按Ctrl+N组合键新建一个"水溶彩铅画"文件，具体参数设置如图3-111所示。

图3-111

02 打开光盘中的"光盘>素材文件>CH03>赛车.jpg"文件，然后将其拖曳到"水溶彩铅画"操作界面中，接着将新生成的图层更名为"赛车"图层，如图3-112所示。

03 按Ctrl+J组合键复制一个"赛车副本"图层，然后执行"图像>调整>去色"菜单命令，效果如图3-113所示。

图3-112   图3-113

04 设置"赛车副本"图层的"混合模式"为"变暗"，如图3-114所示，效果如图3-115所示。

05 确定"赛车副本"图层为当前图层，按Ctrl+J组合键复制一个"赛车副本2"图层，然后执行"图像>调整>反相"菜单命令，效果如图3-116所示。

图3-114

图3-115   图3-116

06 设置"赛车副本2"图层的"混合模式"为"颜色减淡"，如图3-117所示，效果如图3-118所示。

图3-117   图3-118

07 执行"滤镜>其他>最小值"菜单命令，然后在弹出的"最小值"对话框中设置"半径"为2像素，如图3-119所示，效果如图3-120所示。

图3-119   图3-120

3.5.2 调整画面色调

01 确定"副本2"图层为当前图层，在"图层"面板下方单击"创建新的填充或调整图层"按钮 ⊘.，在弹出的菜单中选择"色相/饱和度"命令，然后在"属性"面板中设置"饱和度"为5，具体参数设置如图3-121所示，效果如图3-122所示。

图3-121

图3-122

02 在"图层"面板下方单击"创建新的填充或调整图层"按钮 ⚫ ，然后为其添加一个"色彩平衡"调整图层，具体参数设置如图3-123所示，效果如图3-124所示。

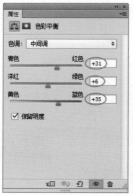

图3-123

图3-124

03 在"图层"面板下方单击"创建新的填充或调整图层"按钮 ⚫ ，在弹出的菜单中选择"亮度/对比度"命令，然后在"属性"面板中设置"亮度"为-53、"对比度"为46，具体参数设置如图3-125所示，效果如图3-126所示。

图3-125

图3-126

3.5.3 添加纹理特效

01 在最上层新建一个"纸纹"图层，然后设置前景色

为（R:134，G:134，B:134），接着按Alt+Delete组合键用前景色填充该图层，如图3-127所示。

02 执行"滤镜>滤镜库"菜单命令，打开"滤镜库"对话框，然后在"纹理"滤镜组下选择"纹理化"滤镜，接着设置"缩放"为154%、"凸现"为5，如图3-128所示，图像效果如图3-129所示。

03 设置"纸纹"图层的"混合模式"为"叠加"，最终效果如图3-130所示。

图3-127

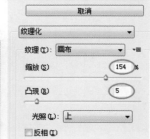

图3-128

图3-129

图3-130

3.6 水粉画特效

本例设计的水粉画效果。
实例位置：光盘>实例文件>CH03>3.6.psd
难易指数：★★☆☆☆
技术掌握：掌握水粉画的设计思路与方法

3.6.1 制作彩铅效果

01 启动Photoshop CS6，按Ctrl+N组合键新建一个"水

粉画"文件，具体参数设置如图3-131所示。

02 打开光盘中的"光盘>素材文件>CH03>花朵.jpg"文件，然后将其拖曳到"水粉画"操作界面中，接着将新生成的图层更名为"花朵"图层，如图3-132所示。

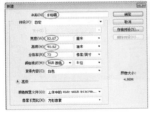

图3-131　　　　　　　　　　图3-132

03 执行"图像>调整>曲线"菜单命令，然后在弹出的"曲线"对话框中设置"输出"为112、"输入"为133，如图3-133所示，效果如图3-134所示。

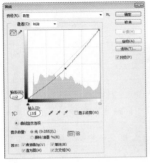

图3-133　　　　　　　　　　图3-134

3.6.2 制作水粉笔触

01 执行"滤镜>滤镜库"菜单命令，打开"滤镜库"对话框，然后在"艺术效果"滤镜组下选择"干画笔"滤镜，接着设置"画笔大小"为5、"画笔细节"为7、"纹理"为2，如图3-135所示，图像效果如图3-136所示。

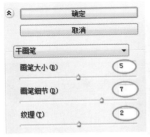

图3-135　　　　　　　　　　图3-136

02 执行"滤镜>滤镜库"菜单命令，打开"滤镜库"对话框，然后在"艺术效果"滤镜组下选择"调色刀"滤镜，接着设置"描边大小"为15、"软化度"为8，如图3-137所示，图像效果如图3-138所示。

图3-137　　　　　　　　　　图3-138

03 使用"钢笔工具" 绘制出花朵的外形，然后按Ctrl+Enter组合键将路径变为选区，如图3-139所示。

图3-139

04 执行"选择>修改>羽化"菜单命令，然后在弹出的"羽化"对话框中设置"羽化半径"为5像素，如图3-140所示，效果如图3-141所示。

图3-140　　　　　　　　　　图3-141

05 执行"滤镜>滤镜库"菜单命令，打开"滤镜库"对话框，然后在"艺术效果"滤镜组下选择"干画笔"滤镜，接着设置"画笔大小"为9、"纹理"为2，如图3-142所示，图像效果如图3-143所示。

图3-142　　　　　　　　　　图3-143

06 执行"图像>调整>色相/饱和度"菜单命令，然后在弹出的"色相/饱和度"对话框中设置"饱和度"为16，如图3-144所示，效果如图3-145所示。

图3-144　　　　　　　　图3-145

07 保持选区状态，执行"选择>反向"菜单命令，然后执行"滤镜>滤镜库"菜单命令，打开"滤镜库"对话框，接着在"艺术效果"滤镜组下选择"调色刀"滤镜，最后设置"描边大小"为6、"软化度"为5，如图3-146所示，图像效果如图3-147所示。

图3-146　　　　　　　　图3-147

3.6.3 制作底纹特效

01 在最上层新建一个"底纹"图层，然后设置前景色为（R:145，G:145，B:145），接着按Alt+Delete组合键用前景色填充该图层，如图3-148所示。

图3-148

02 执行"滤镜>滤镜库"菜单命令，打开"滤镜库"对话框，然后在"纹理"滤镜组下选择"纹理化"滤镜，接着设置"凸现"为2，如图3-149所示，图像效果如图3-150所示。

图3-149　　　　　　　　图3-150

03 设置"底纹"图层的"混合模式"为"叠加"，最终效果如图3-151所示。

图3-151

3.7 版画特效

本例设计的版画效果。

实例位置：光盘>实例文件>CH03>3.7.psd
难易指数：★★☆☆☆
技术掌握：掌握版画的设计思路与方法

3.7.1 确定基本色调

01 启动Photoshop CS6，按Ctrl+N组合键新建一个"版画"文件，具体参数设置如图3-152所示。

02 打开光盘中的"光盘>素材文件>CH03>风景5.jpg"文件，然后将其拖曳到"版画"操作界面中，接着将新生成的图层更名为"风景"图层，如图3-153所示。

图3-152　　　　　　　　图3-153

03 按Ctrl+J组合键复制一个"风景副本"图层，并将其更名为"图层1"，然后执行"图像>调整>色彩平衡"菜单命令，在弹出的"色彩平衡"对话框中设置"色阶"为（-6，48，0），如图3-154所示，效果如图3-155所示。

图3-154　　　　　　　　　图3-155

04 确定"图层1"为当前图层，执行"图像>调整>色阶"菜单命令，然后在弹出的"色阶"对话框中设置"输入色阶"为（16，1.00，244），具体参数设置如图3-156所示，效果如图3-157所示。

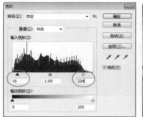

图3-156　　　　　　　　　图3-157

3.7.2 制作版画特效

01 执行"滤镜>滤镜库"菜单命令，打开"滤镜库"对话框，然后在"艺术效果"滤镜组下选择"木刻"滤镜，接着设置"色阶段"为8、"边缘逼真度"为3，如图3-158所示，图像效果如图3-159所示。

图3-158　　　　　　　　　图3-159

02 按Ctrl+J组合键复制3个"图层1"副本图层，然后按D键恢复颜色面板默认颜色，接着选择"图层1"，并暂时隐藏3个副本图层，如图3-160所示。

图3-160

03 执行"滤镜>滤镜库"菜单命令，打开"滤镜库"对

话框，然后在"素描"滤镜组下选择"便条纸"滤镜，接着设置"图像平衡"为7、"粒度"为7、"凸现"为9，如图3-161所示，图像效果如图3-162所示。

图3-161　　　　　　　　　图3-162

04 选择"图层1副本"图层，然后执行"滤镜>滤镜库"菜单命令，打开"滤镜库"对话框，然后在"素描"滤镜组下选择"便条纸"滤镜，接着设置"图像平衡"为20，如图3-163所示，图像效果如图3-164所示。

图3-163　　　　　　　　　图3-164

05 选择"图层1副本2"图层，然后执行"滤镜>滤镜库"菜单命令，打开"滤镜库"对话框，然后在"素描"滤镜组下选择"便条纸"滤镜，接着设置"图像平衡"为30，如图3-165所示，图像效果如图3-166所示。

图3-165　　　　　　　　　图3-166

06 选择"图层1副本3"图层，然后执行"滤镜>滤镜库"菜单命令，打开"滤镜库"对话框，然后在"素描"滤镜组下选择"便条纸"滤镜，接着设置"图像平衡"为40，如图3-167所示，图像效果如图3-168所示。

图3-167　　　　　　　　　图3-168

07 将3个副本图层的"混合模式"设置为"正片叠底",如图3-169所示,效果如图3-170所示。

图3-169　　　　　　　　　图3-170

3.7.3 完善画面效果

01 选择"图层1副本3"图层,然后在"图层"面板下方单击"创建新的填充或调整图层"按钮 ●,然后为其添加一个"色阶"调整图层,接着在"属性"面板中设置"输入色阶"为(28,0.94,221),具体参数设置如图3-171所示,效果如图3-172所示。

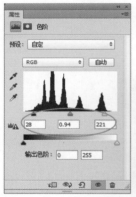

图3-171　　　　　　　　　图3-172

02 在"图层"面板下方单击"创建新的填充或调整图层"按钮 ●,然后为其添加一个"色彩平衡"调整图层,具体参数设置如图3-173所示,最终效果如图3-174所示。

图3-173　　　　　　　　　图3-174

3.8 卡通插画特效

本例设计的卡通插画效果。
实例位置:光盘>实例文件>CH03>3.8.psd
难易指数:★★☆☆☆
技术掌握:掌握卡通插画的设计思路与方法

3.8.1 制作笔触特效

01 启动Photoshop CS6,按Ctrl+N组合键新建一个"卡通插画"文件,具体参数设置如图3-175所示。

02 打开光盘中的"光盘>素材文件>CH03>风景6.jpg"文件,然后将其拖曳到"卡通插画"操作界面中,接着将新生成的图层更名为"风景"图层,如图3-176所示。

图3-175　　　　　　　　　图3-176

03 按Ctrl+J组合键复制两个"风景副本"图层,然后选择"风景副本"图层,并暂时隐藏"风景副本2"图层,如图3-177所示。

图3-177

04 执行"滤镜>滤镜库"菜单命令,打开"滤镜库"对话框,最后在"纹理"滤镜组下选择"颗粒"滤镜,接着设置"强度"为20、"对比度"为70,如图3-178所示,图像效果如图3-179所示。

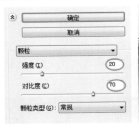

图3-178　　　　　　　　图3-179

05　执行"滤镜>模糊>动感模糊"菜单命令,然后在弹出的"动感模糊"对话框中设置"角度"为30度、"距离"为40像素,如图3-180所示,效果如图3-181所示。

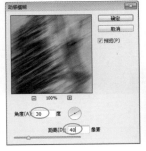

图3-180　　　　　　　　图3-181

06　确定"风景副本"为当前图层,执行"滤镜>滤镜库"菜单命令,打开"滤镜库"对话框,然后在"画笔描边"滤镜组下选择"成角的线条"滤镜,接着设置"方向平衡"为40、"描边长度"为20,如图3-182所示,图像效果如图3-183所示。

图3-182　　　　　　　　图3-183

3.8.2　加强边缘效果

01　选择"风景副本2"图层,然后执行"滤镜>滤镜库>风格化"菜单命令,效果如图3-184所示。

图3-184

02　执行"图像>调整>色相/饱和度"菜单命令,然后设置"饱和度"为-20、"明度"为20,如图3-185所示,效

果如图3-186所示。

图3-185　　　　　　　　图3-186

03　设置"风景副本2"图层的"混合模式"为"叠加",并将图层的"不透明度"调整为80%,最终效果如图3-187所示。

图3-187

3.9　粉笔画特效

本例设计的粉笔画效果。

实例位置:光盘>实例文件>CH03>3.9.psd
难易指数:★★☆☆☆
技术掌握:掌握粉笔画的设计思路与方法

3.9.1　制作粉笔特效

01　启动Photoshop CS6,按Ctrl+N组合键新建一个"粉

笔画"文件,具体参数设置如图3-188所示。

图3-188

02 打开光盘中的"光盘>素材文件>CH03>人物.jpg"文件,然后将其拖曳到"粉笔画"操作界面中,接着将新生成的图层更名为"人物"图层,如图3-189所示。

03 执行"图像>调整>去色"菜单命令,如图3-190所示,然后执行"图像>调整>亮度/对比度"菜单命令,接着在弹出的"亮度/对比度"对话框中设置"亮度"为-30、"对比度"为65,具体参数设置如图3-191所示。

图3-189

图3-190

图3-191

04 执行"滤镜>滤镜库"菜单命令,打开"滤镜库"对话框,然后在"艺术效果"滤镜组下选择"粗糙蜡笔"滤镜,接着设置"描边长度"为4、"描边细节"为9、"凸现"为25,如图3-192所示,图像效果如图3-193所示。

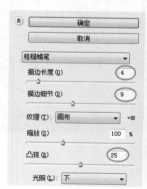

图3-192   图3-193

05 在"图层"面板下方单击"创建新的填充或调整图层"按钮,在弹出的菜单中选择"色相/饱和度"命令,然后在"属性"面板中勾选"着色",接着设置"色相"为54、"饱和度"为24、"明度"为-14,具体参数设置如图3-194所示,效果如图3-195所示。

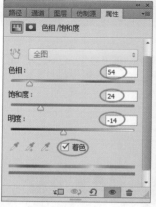

图3-194   图3-195

3.9.2 完善画面效果

01 打开光盘中的"光盘>素材文件>CH03>素材1.jpg"文件,然后将其拖曳到"粉笔画"操作界面中,接着在"图层"面板下方单击"添加图层蒙版"按钮,为该图层添加一个图层蒙版,如图3-196所示。

图3-196

02 设置"素材1"图层的"混合模式"为"正片叠底"、"不透明度"为30%,如图3-197所示,效果如图3-198所示。

图3-197   图3-198

03 选择"画笔工具" ✐，然后设置前景色为黑色，并在选项栏中选择一种柔边笔刷，接着设置"大小"为69像素、"不透明度"为50%，如图3-199所示。

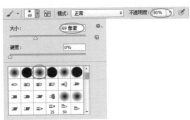

图3-199

04 保持对"素材1"图层的蒙版的选择，然后使用黑色画笔在人物脸部以及亮部进行涂抹，以增强整体的光感度，效果如图3-200所示。

05 打开光盘中的"光盘>素材文件>CH03>素材2.jpg"文件，然后将其拖曳到"粉笔画"操作界面中，接着设置图层的"混合模式"为"叠加"，效果如图3-201所示。

图3-200　　　　　图3-201

06 在"图层"面板下方单击"添加图层蒙版"按钮 ■，为该图层添加一个图层蒙版，使用"画笔工具" ✐将人物的亮部提亮，效果如图3-202所示。

图3-202

专家点拨

在处理图像特效时，可以调整画面整体色调来增强效果，也可以使用一些抽象素材，应用图层属性来增加画面效果。图层属性的运用随画面效果而定，没有固定要求。需要注意的是人物是主体，所以影响到主体的地方一定要擦掉，可以利用"图层蒙版" ■，随时调节笔刷大小和透明度。

07 打开光盘中的"光盘>素材文件>CH03>素材3.jpg"文件，然后将其拖曳到"粉笔画"操作界面中，接着设置图层的"混合模式"为"叠加"，效果如图3-203所示。

图3-203

08 打开光盘中的"光盘>素材文件>CH03>素材4.jpg"文件，然后将其拖曳到"粉笔画"操作界面中，接着设置图层的"混合模式"为"正片叠底"、"不透明度"为58%，如图3-204所示，效果如图3-205所示。

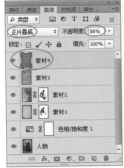 

图3-204　　　　　图3-205

09 同样使用"图层蒙版" ■将人物的亮部提亮，最终效果如图3-206所示。

图3-206

3.10 课后练习1：风景油画特效

本例设计的风景油画效果。

实例位置：光盘>实例文件>CH03>3.10.psd
难易指数：★★★☆☆
技术掌握：掌握风景油画特效的设计思路与方法

步骤分解如图3-207所示。

制作油画特效　　　　　　制作纸纹特效　　　　　　调整画面色调

图3-207

3.11 课后练习2：风景水彩画特效

本例设计的风景水彩画效果。

实例位置：光盘>实例文件>CH03>3.11.psd
难易指数：★★★☆☆
技术掌握：掌握风景水彩画特效的设计思路与方法

步骤分解如图3-208所示。

制作水彩特效　　　　　　合成水彩特效　　　　　　添加纸张纹理

图3-208

3.12 课后练习3：风景水墨画特效

本例设计的风景水墨画效果。

实例位置：光盘>实例文件>CH03>3.12.psd
难易指数：★★★☆☆
技术掌握：掌握风景水墨画特效的设计思路与方法

步骤分解如图3-209所示。

确定基本色调　　　　制作水墨效果　　　　完善画面效果

图3-209

3.13 课后练习4：钢笔淡彩风景画特效

本例设计的钢笔淡彩风景画效果。

实例位置：光盘>实例文件>CH03>3.13.psd
难易指数：★★★☆☆
技术掌握：掌握钢笔淡彩风景画特效的设计思路与方法

步骤分解如图3-210所示。

制作钢笔轮廓　　　　制作淡彩特效　　　　制作笔触特效

图3-210

3.14 本章小结

　　本章主要讲解如何利用Photoshop制作各种绘画特效。由于绘画是近距离观看的图像，在制作特效时要求在原本图像的基础上调整色彩的明暗度，使其更加具有视觉冲击力和艺术欣赏性，同时还要注意每种绘画种类的不同。在本章实例中主要运用滤镜、调整图层等，并适当运用"叠加"、"柔光"等图层混合模式制作逼真的绘画特效。

第4章
质感表现特效

本章导读

一幅具有视觉冲击力的平面作品，往往会注重质感和肌理的表现。在日常生活中，有各种各样的肌理和质感，任何一种质感和肌理都有其独特的魅力，将质感和肌理运用到设计中，一定能为作品锦上添花。为了使视觉效果能够表现得更加淋漓尽致，需要对主体的质感有较高的要求，有些质感可以通过图片素材的合成来达到效果，有些只能依靠Photoshop来制作出质感和纹理，如玻璃的光滑透明质感、牛仔面料的粗糙质感、水晶的晶莹剔透质感等，通过这些质感属性，人们就可以判断物质的种类并识别物质。

Learning Objectives

 用滤镜表现各种纹理

 掌握粗糙质感的表现方法

 用图层样式制作光滑质感

 用加深/减淡工具表现阴影与高光

 画笔/涂抹工具的高级运用

4.1 木材特效

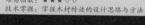

本例设计的木材特效效果。

实例位置：光盘>实例文件>CH04>4.1.psd
难易指数：★★★☆☆
技术掌握：掌握木材特效的设计思路与方法

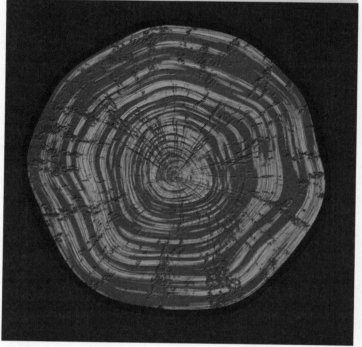

4.1.1 制作木质纹理

01 启动Photoshop CS6，按Ctrl+N组合键新建一个"木材"文件，具体参数设置如图4-1所示。

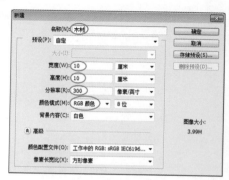

图4-1

02 设置前景色为（R:212，G:171，B:9）、背景色为（R:58，G:36，B:2），然后执行"滤镜>渲染>纤维"菜单命令，接着在弹出的"纤维"对话框中设置"差异"为18、"强度"为4，具体参数设置如图4-2所示，效果如图4-3所示。

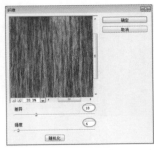

图4-2

图4-3

03 按Ctrl+J组合键复制出一个"背景副本"图层，然后执行"选择>色彩范围"菜单命令，打开"色彩范围"对话框，用吸管吸取一部分颜色，如图4-4所示。

图4-4

04 选区的效果如图4-5所示，确定"背景副本"为当前图层，按Ctrl+J组合键复制到新图层"图层1"。

图4-5

05 执行"图层>图层样式>斜面和浮雕"菜单命令，打开"图层样式"对话框，然后设置"方向"为"下"，具体参数设置如图4-6所示，效果如图4-7所示。

图4-6

图4-7

06 确定当前图层为"图层1"，执行"滤镜>风格化>扩散"菜单命令，打开"扩散"对话框，然后设置"模式"为"正常"，具体参数设置如图4-8所示，效果如图4-9所示。

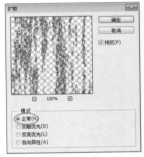

图4-8　　　　　　　　　　图4-9

07 选择"背景副本"图层，然后执行"图像>调整>色相/饱和度"菜单命令，接着在弹出的"色相/饱和度"对话框中设置"色相"为-5、"饱和度"为23、"明度"为32，具体参数设置如图4-10所示，效果如图4-11所示。

图4-10

图4-11

08 按Ctrl+E组合键合并"图层1"和"背景副本"图层，并将合并后的图层更名为"图层1"，然后执行"编辑>变换>旋转90度（顺时针）"菜单命令，效果如图4-12所示。

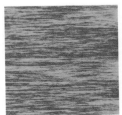

图4-12

99

09 按Ctrl+J组合键复制出一个"图层1副本"图层，然后执行"滤镜>其他>位移"菜单命令，打开"位移"对话框，接着设置"水平"为-250像素右移，具体参数设置如图4-13所示，效果如图4-14所示。

图4-13

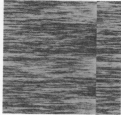

图4-14

10 确定"图层1副本"为当前图层，在"图层"面板下方单击"添加图层蒙版"按钮，为该图层添加一个图层蒙版，然后选择"画笔工具"，并在选项栏中设置"不透明度"为20%，如图4-15所示，接着使用黑色画笔在蒙版中将其修饰成如图4-16所示的效果。

图4-15

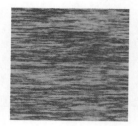

图4-16

4.1.2 制作年轮效果

01 按Ctrl+E组合键合并"图层1"和"图层1副本"，并将合并后的图层更名为"图层1"，然后执行"滤镜>扭曲>极坐标"菜单命令，在弹出的"极坐标"对话框中选择"平面坐标到极坐标"方式，具体参数如图4-17所示。

图4-17

02 复制出一个新图层"图层1副本"，然后执行"滤镜>模糊>径向模糊"菜单命令，打开"径向模糊"对话框，接着设置"模糊方法"为"缩放"，具体参数设置

如图4-18所示，效果如图4-19所示。

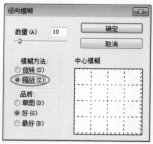

图4-18   图4-19

03 确定"图层1"为当前图层，在"图层"面板下方单击"创建新的填充或调整图层"按钮，在弹出的菜单中选择"色相/饱和度"命令，然后在"属性"面板中设置"色相"为-2、"饱和度"为-8、"明度"为-3，如图4-20所示，接着将调整图层灌入"图层1"，效果如图4-21所示。

图4-20   图4-21

04 选择"图层1副本"图层，然后选择"魔棒工具"，接着在选项栏中设置"容差"为30，并取消"连续"选项，如图4-22所示，最后选取部分纹理，效果如图4-23所示。

图4-22

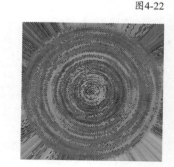

图4-23

05 执行"选择>反向"菜单命令，然后按Delete键删除选区中的图像，完成后按Ctrl+D组合键取消选区，效果如图4-24所示。

图4-24

06 确定"图层1副本"为当前图层，执行"滤镜>模糊>径向模糊"菜单命令，打开"径向模糊"对话框，然后设置"模糊方式"为"旋转"，如图4-25所示，效果如图4-26所示。

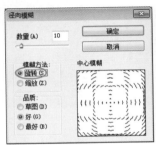

图4-25

图4-26

07 设置"图层1副本"图层的"混合模式"为"强光"，效果如图4-27所示。

图4-27

08 执行"图层>图层样式>斜面和浮雕"菜单命令，打开"图层样式"对话框，然后设置"方向"为"下"、"大小"为1像素，具体参数设置如图4-28所示，效果如图4-29所示。

图4-28

图4-29

09 载入"图层1副本"的选区，然后切换到"通道"面板，单击该面板下面的"将选区储存为通道"按钮 ◻，将选区储存为通道Alpha1，如图4-30所示，效果如图4-31所示。

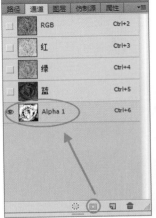

图4-30

图4-31

10 执行"图像>调整>色阶"菜单命令，然后在弹出的"色阶"对话框中设置"输入色阶"为（191，0.17，255），如图4-32所示，效果如图4-33所示。

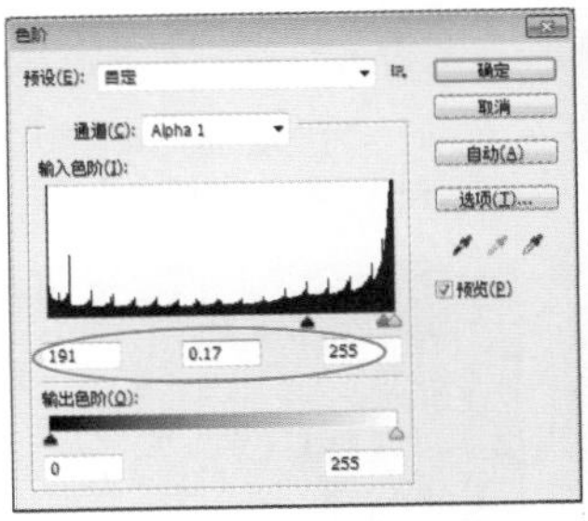

图4-32

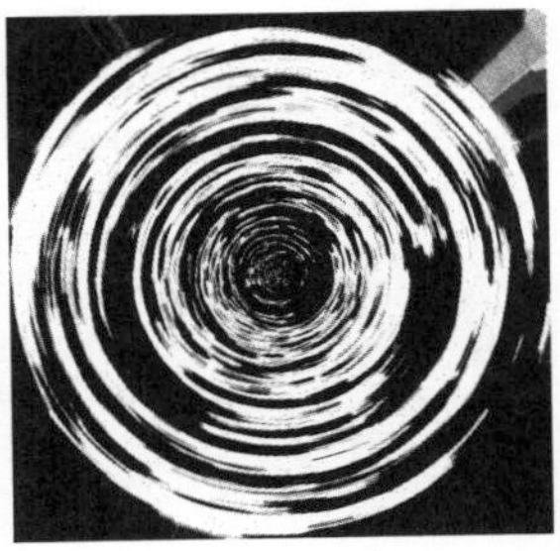

图4-33

11 选择"背景"图层，然后使用"魔棒工具" ◻ 选取部分纹理，如图4-34所示，然后切换到"通道"面板，单击该面板下面的"将选区储存为通道"按钮 ◻，将选区储存为通道Alpha2，如图4-35所示，效果如图4-36所示。

图4-34

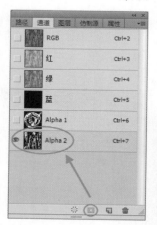

图4-35

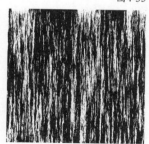

图4-36

12 执行"图像>调整>色阶"菜单命令，然后在弹出的"色阶"对话框中设置"输入色阶"为（228，0.43，255），如图4-37所示，效果如图4-38所示。

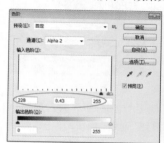

图4-37   图4-38

13 执行"滤镜>扭曲>极坐标"菜单命令，打开"极坐标"对话框，然后选择"平面坐标到极坐标"方式，如图4-39所示，效果如图4-40所示。

图4-39

图4-40

14 在"图层1副本"的上一层创建一个"图层2"，然后载入Alpha1通道的选区，如图4-41所示，接着设置前景色为（R:109，G:63，B:0），最后按Alt+Delete组合键用前景色填充选区，完成后按Ctrl+D组合键取消选区，效果如图4-42所示。

图4-41   图4-42

15 确定"图层2"为当前图层，执行"图层>图层样式>斜面和浮雕"菜单命令，打开"图层样式"对话框，然后设置"方向"为"下"、"软化"为2像素，具体参数设置如图4-43所示，效果如图4-44所示。

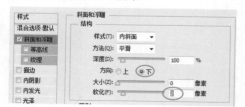

图4-43

图4-44

16 在"图层2"的上一层创建一个"图层3"，然后载入Alpha2通道的选区，如图4-45所示，接着设置前景色为（R:99，G:63，B:0），最后按Alt+Delete组合键用前景色填充选区，完成后按Ctrl+D组合键取消选区，效果如图4-46所示。

图4-45　　　　　　　　　　图4-46

17 确定"图层3"为当前图层，执行"图层>图层样式>斜面和浮雕"菜单命令，打开"图层样式"对话框，然后设置"方向"为"下"、"大小"为2像素、"软化"为1像素，具体参数设置如图4-47所示，效果如图4-48所示。

图4-47

图4-48

18 在最上层创建一个新图层组"组1"，将除了"背景"图层之外的所有图层拖曳到"组1"中，如图4-49所示。

图4-49

19 使用"椭圆选框工具" ○.绘制一个如图4-50所示的圆形选区，然后在"图层"面板下方单击"添加图层蒙版"按钮 □，为该图层组添加一个图层蒙版，隐去不需要的部分，如图4-51所示，效果如图4-52所示。

图4-50

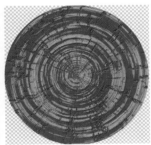

图4-51　　　　　　　　　　图4-52

20 按Ctrl+T组合键进入自由变换状态，然后按住Shift键向左上方拖曳定界框的右下角的角控制点，将图案等比例缩小到如图4-53所示的大小。

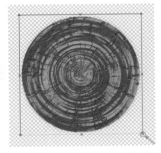

图4-53

21 在最上层创建一个"图层4"，然后载入"组1"的蒙版的选区，接着执行"编辑>描边"菜单命令，并在弹出的"描边"对话框中设置"宽度"为25像素、"颜色"为（R:65，G:21，B:3）、"位置"为"居外"，如图4-54所示，效果如图4-55所示。

图4-54

图4-55

22 按Ctrl+D组合键取消选区，然后执行"滤镜>风格化>扩散"菜单命令，效果如图4-56所示。

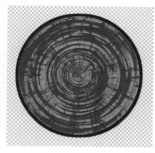

图4-56

23 在"背景"图层的上一层创建一个"图层5"，然后设置前景色为（R:64，G:58，B:0），接着按Alt+Delete组合键用前景色填充图层，如图4-57所示。

图4-57

24 执行"滤镜>杂色>添加杂色"菜单命令，然后在弹出的"杂色"对话框中设置"数量"为5%，如图4-58所示，效果如图4-59所示。

图4-58

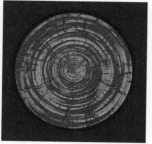

图4-59

25 确定"图层5"为当前图层，执行"滤镜>模糊>动感模糊"菜单命令，然后在弹出的"动感模糊"对话框中设置"角度"为45度，如图4-60所示，效果如图4-61所示。

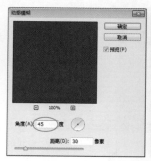

图4-60

图4-61

4.1.3 完善年轮效果

01 按Ctrl+J组合键复制出一个新图层"图层4副本"和一个新图层组"组1副本"，然后合并"图层4副本"和"组1副本"，将合并后的图层更名为"图层4副本"，如图4-62所示。

图4-62

02 执行"滤镜>液化"菜单命令，打开"液化"对话框，然后设置"画笔大小"为401、"画笔压力"为52，如图4-63所示，接着使用"向前变形工具" ☑将图像变形处理，效果如图4-64所示。

图4-63

图4-64

03 到此，"木材"就制作完成了，最终效果如图4-65所示。

图4-65

图4-66

4.2 牛仔面料特效

本例设计的牛仔面料特效效果。

实例位置：光盘>实例文件>CH04>4.2.psd
难易指数：★★★☆☆
技术掌握：掌握牛仔面料特效的设计思路与方法

4.2.1 制作牛仔面料

[01] 启动Photoshop CS6，按Ctrl+N组合键新建一个"牛仔面料"文件，具体参数设置如图4-66所示。

[02] 设置前景色为（R:84，G:111，B:123），然后按Alt+Delete组合键用前景色填充"背景"图层，效果如图4-67所示。

图4-67

[03] 执行"滤镜>纹理>纹理化"菜单命令，打开"纹理"对话框，然后在"纹理"滤镜组下选择"纹理化"滤镜，接着设置"缩放"为150%、"凸现"为15，如图4-68所示，图像效果如图4-69所示。

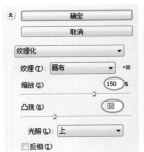

图4-68   图4-69

[04] 执行"滤镜>锐化>USM锐化"菜单命令，打开"USM锐化"对话框，然后设置"数量"为50%、"半径"为1.0像素，具体参数设置如图4-70所示，效果如图4-71所示。

图4-70   图4-71

05 执行"图像>图像旋转> 90度（顺时针）"菜单命令，效果如图4-72所示。

图4-72

06 新建一个文件，设置"宽度"和"高度"为10像素、"分辨率"为150像素、"背景内容"为"透明"，具体参数设置如图4-73所示。

图4-73

07 设置前景色为黑色，然后选择"画笔工具" ✐，并在选项栏中设置"大小"为3像素，接着绘制出如图4-74所示的图像。

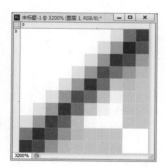

图4-74

08 执行"编辑>定义图案"菜单命令，打开"图案名称"对话框，输入图案名称，如图4-75所示。

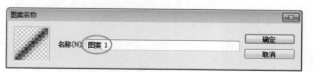

图4-75

09 返回到"牛仔面料"操作界面中，然后创建一个新图层"图层1"，接着执行"编辑>填充"菜单命令，打开"填充"对话框，选择上一步定义的"图案1"，如图4-76所示，最后单击"确定"按钮即可填充图案，效果

如图4-77所示。

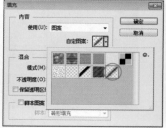

图4-76   图4-77

10 确定"图层1"为当前图层，执行"滤镜>风格化>扩散"菜单命令，打开"扩散"对话框，然后设置模式为"正常"，如图4-78所示，效果如图4-79所示。

图4-78   图4-79

11 设置"图层1"图层的"混合模式"为"正片叠底"，如图4-80所示。

图4-80

12 按Ctrl+E组合键向下合并图层，然后执行"编辑>定义图案"菜单命令，打开"图案名称"对话框，然后输入名称，如图4-81所示，完成"牛仔面料"的制作，最终效果如图4-82所示。

图4-81

图4-82

4.2.2 牛仔面料的应用

01 打开光盘中的"光盘>素材文件>CH04>牛仔.jpg"文件，效果如图4-83所示。

图4-83

02 切换到"路径"面板，新建一个路径"路径1"，如图4-84所示，然后使用"钢笔工具" 勾选出上衣的路径，如图4-85所示。

图4-84

图4-85

03 载入"路径1"的选区，如图4-86所示，然后按Ctrl+J组合键复制到一个新图层"图层1"。

图4-86

04 在"图层1"的上一层创建一个"图层2"，并将其灌入"图层1"，如图4-87所示，然后执行"编辑>填充"菜单命令，使用上面的方法将图案"牛仔布料"填充到"图层2"，如图4-88所示，效果如图4-89所示。

图4-87

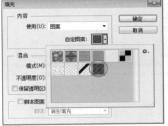

图4-88   图4-89

05 确定"图层2"为当前图层，执行"编辑>自由变换"菜单命令，然后在选项栏中选择"在自由变换和变形模式之间切换"按钮，调整牛仔布的扭曲程度，以符合人物的体型，如图4-90所示。

图4-90

06 选择"图层1"图层，然后按Ctrl+J组合键复制出一个"图层1副本"图层，并将其拖曳到最上层，如图4-91所示，接着执行"图像>调整>色相/饱和度"菜单命令，最后在弹出的"色相/饱和度"对话框中设置"明度"为-34，如图4-92所示，效果如图4-93所示。

107

图4-91

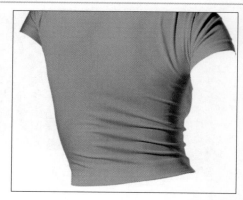

图4-95

图4-92

图4-96

图4-93

08 选择"图层1副本"图层，然后执行"滤镜>扭曲>置换"菜单命令，打开"置换"对话框，接着设置"置换图"为"拼贴"，如图4-97所示，最后单击"确定"按钮打开"选择一个置换图"对话框，选择上一步储存的"牛仔面料置换图.psd"文件，如图4-98所示。

07 在"图层2"的上一层创建一个"图层3"，然后用白色填充该图层，如图4-94所示，效果如图4-95所示，接着将文件储存为"牛仔面料置换图.psd"文件，如图4-96所示。

图4-94

图4-97

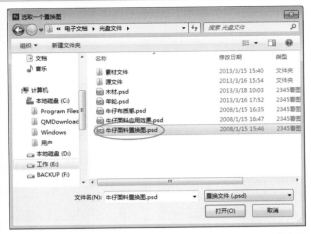

图4-98

09 设置"图层1副本"的"混合模式"为"叠加",这样"牛仔面料"就应用到图像中了,最终效果如图4-99所示。

图4-99

4.3 皮革特效

本例设计的皮革质感特效效果。

实例位置:光盘>实例文件>CH04>4.3.psd
难易指数:★★★☆☆
技术掌握:掌握皮革质感特效的设计思路与方法

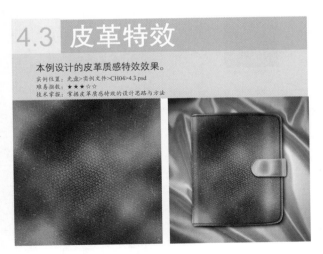

4.3.1 制作皮革纹理

01 启动Photoshop CS6,按Ctrl+N组合键新建一个"皮革质感"文件,具体参数设置如图4-100所示。

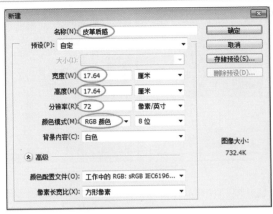

图4-100

02 设置前景色为(R:102,G:57,B:3)、背景色为(R:128,G:84,B:7),然后执行"滤镜>渲染>云彩"菜单命令,效果如图4-101所示。

03 创建一个新图层"图层1",然后设置前景色为(R:129,G:129,B:129),接着按Alt+Delete组合键用前景色填充该图层,如图4-102所示。

图4-101   图4-102

04 执行"滤镜>纹理>染色玻璃"菜单命令,打开"纹理"对话框,然后在"纹理"滤镜组下选择"染色玻璃"滤镜,接着设置"单元格大小"为2、"边框粗细"为2、"光照强度"为2,如图4-103所示,图像效果如图4-104所示。

图4-103   图4-104

05 确定"图层1"为当前图层,执行"滤镜>风格化>浮雕效果"菜单命令,打开"浮雕效果"对话框,然后设置"角度"为-63度、"高度"为2像素、"数量"为200%,具体参数设置如图4-105所示,效果如图4-106所示。

图4-105

图4-106

06 按Ctrl+T组合键进入自由变换状态，然后按Shift+Alt组合键将其向中心等比例放大到如图4-107所示的大小。

图4-107

07 在"图层1"的上一层创建一个新图层"图层2"，然后按D键还原前景色和背景色，接着执行"滤镜>渲染>云彩"菜单命令，效果如图4-108所示，最后将文件储存为"皮革质感置换图.psd"文件。

08 选择"图层1"图层，然后执行"滤镜>扭曲>置换"菜单命令，打开"置换"对话框，使用系统默认设置，接着单击"确定"按钮打开"选择一个置换图"对话框，最后选择上一步储存的"皮革质感置换图.psd"文件，如图4-109所示。

图4-108

图4-109

09 暂时隐藏"图层2"，确定"图层1"为当前图层，执行"编辑>变换>旋转90度（顺时针）"菜单命令，效果如图4-110所示，然后按Ctrl+F组合键再次执行"置换"滤镜命令，效果如图4-111所示。

图4-110

图4-111

专家点拨

若要增强扭曲效果，可再次旋转图像，然后多按几次Ctrl+F组合键重复执行"置换"滤镜。

4.3.2 表现皮革的凹凸感

01 确定"图层1"为当前图层，执行"选择>色彩范围"菜单命令，打开"色彩范围"对话框，然后设置"颜色容差"为11，接着使用吸管吸取部分颜色范围，如图4-112所示，效果如图4-113所示。

图4-112

图4-113

02 选择"背景"图层，然后暂时隐藏"图层1"，接着按Ctrl+J组合键复制得到一个新图层"图层3"，如图4-114所示，最后将"图层3"拖曳到"图层1"的上一层。

图4-114

03 显示并选择"图层1"图层，然后执行"选择>色彩范围"菜单命令，打开"色彩范围"对话框，使用吸管吸取与上次不同的部分颜色范围，如图4-115所示，效果如图4-116所示。

图4-115　　　　　　图4-116

04 选择"背景"图层，然后按Ctrl+J组合键复制得到一个新图层"图层4"，接着将该图层拖曳到"图层3"的上一层，如图4-117所示，效果如图4-118所示。

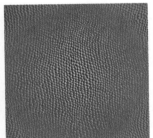

图4-117　　　　　　图4-118

05 设置"图层1"的"混合模式"为"叠加"，如图4-119所示，效果如图4-120所示。

图4-119　　　　　　图4-120

06 选择"图层3"图层，然后执行"图层>图层样式>斜面和浮雕"菜单命令，打开"图层样式"对话框，接着设置"大小"为2像素、"软化"为4像素，具体参数设置如图4-121所示，效果如图4-122所示。

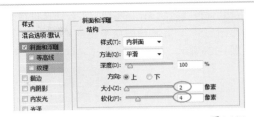

图4-121

图4-122

07 在"图层样式"对话框中单击"投影"样式，然后设置"距离"为1像素、"大小"为1像素，具体参数设置如图4-123所示，效果如图4-124所示。

图4-123

图4-124

08 选择"背景"图层，然后载入"图层3"的选区，接着按住Shift+Ctrl组合键的同时载入"图层4"的选区，这样可同时载入两个图层的选区，如图4-125所示。

图4-125

111

09 保持选区状态，按Ctrl+J组合键拷贝得到一个新图层"图层5"，并将该图层拖曳到"图层1"的上一层，如图4-126所示。

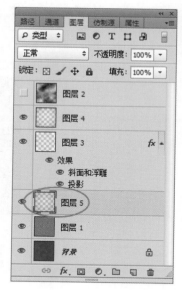

图4-126

10 将"图层3"的图层样式拷贝并粘贴到"图层5"中，然后双击"图层5"的图层样式，打开"图层样式"对话框，接着选择"斜面与浮雕"样式，最后设置"方向"为"下"，如图4-127所示，效果如图4-128所示。

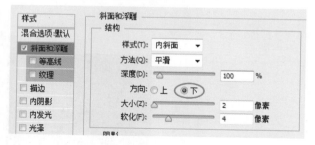

图4-127

图4-128

11 显示"图层2"图层，然后执行"滤镜>模糊>高斯模糊"菜单命令，打开"高斯模糊"对话框，接着设置"半径"为10像素，如图4-129所示，效果如图4-130所示。

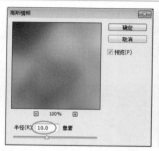

图4-129

图4-130

12 设置"图层2"图层的"混合模式"为"颜色减淡"，效果如图4-131所示。

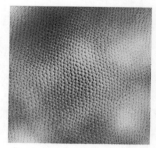

图4-131

4.3.3 制作裂纹

01 在"图层2"的上一层创建一个新图层"图层6"，然后设置前景色为（R:102, G:57, B:3）、背景色为（R:128, G:84, B:7），接着执行"滤镜>渲染>云彩"菜单命令，效果如图4-132所示。

图4-132

02 执行"滤镜>像素化>点状化"菜单命令，打开"点状化"对话框，然后设置"单元格大小"为27，具体参数设置如图4-133所示，效果如图4-134所示。

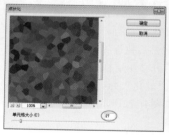

图4-133

图4-134

03 确定"图层6"为当前图层，执行"滤镜>风格化>查找边缘"菜单命令，效果如图4-135所示。

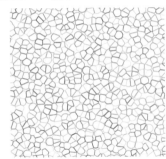

图4-135

04 切换到"通道"面板，然后复制出一个新通道"红副本"，如图4-136所示，效果如图4-137所示。

图4-136

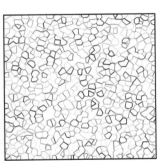

图4-137

05 执行"滤镜>杂色>中间值"菜单命令，打开"中间值"对话框，然后设置"半径"为2像素，如图4-138所示，效果如图4-139所示。

图4-138

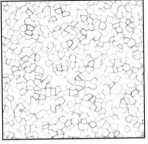

图4-139

06 执行"滤镜>其他>最大值"菜单命令，打开"最大值"对话框，然后设置"半径"为1像素，如图4-140所示，效果如图4-141所示。

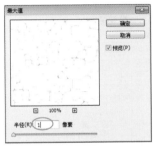

图4-140

图4-141

07 选择通道"红副本"，执行"图像>调整>色阶"菜单命令，然后在弹出的"色阶"对话框中设置"输入色阶"为（3，0.34，255），如图4-142所示，效果如图4-143所示。

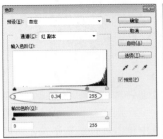

图4-142

图4-143

08 载入通道"红副本"的选区，然后切换到"图层"面板，接着选择"图层6"图层，最后按Delete键删除选区中的像素，效果如图4-144所示。

09 执行"选择>反向"菜单命令，然后设置前景色为（R:79，G:79，B:79），接着按Alt+Delete组合键用前景色填充选区，完成后按Ctrl+D组合键取消选区，效果如图4-145所示。

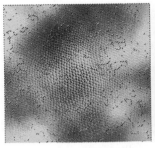

图4-144

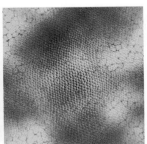

图4-145

10 确定"图层6"为当前图层，执行"图层>图层样式>斜面和浮雕"菜单命令，打开"图层样式"对话框，然后设置"方法"为"雕刻清晰"、"方向"为"下"、"大小"为5像素，具体参数设置如图4-146所示，效果如图4-147所示。

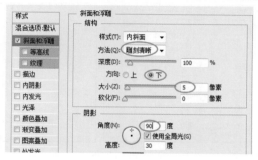

图4-146

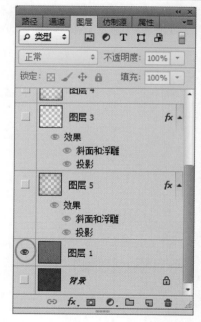

图4-150

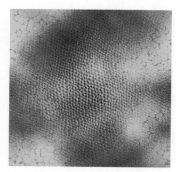

图4-147

11 在"图层样式"对话框中单击"投影"样式,然后设置"不透明度"为60%、"距离"为0像素、"扩展"为5%、"大小"为5像素,具体参数设置如图4-148所示,效果如图4-149所示。

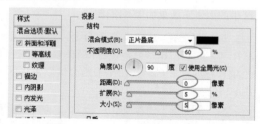

图4-148

图4-151

13 切换到"通道"面板,复制出一个新通道"蓝副本",如图4-152所示,然后执行"图像>调整>色阶"菜单命令,在弹出的"色阶"对话框中设置"输入色阶"为(77, 2.90, 255),如图4-153所示,效果如图4-154所示。

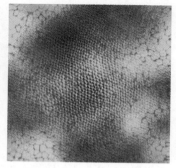

图4-149

12 按住Alt键的同时单击"图层1"左侧的"指示图层可视性"按钮⊙,只显示"图层1",如图4-150所示,效果如图4-151所示。

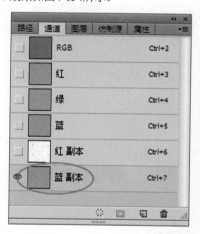

图4-152

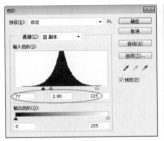

图4-153　　　　　　　　　　　　图4-154

14 载入通道"蓝副本"的选区，然后执行"选择>反向"菜单命令，如图4-155所示。

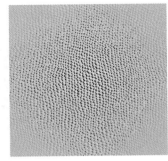

图4-155

15 切换到"图层"面板，然后在"图层6"的上一层创建一个"图层7"，接着设置前景色为（R:128, G:48, B:16），最后按Alt+Delete组合键用前景色填充选区，完成后按Ctrl+D组合键取消选区，效果如图4-156所示。

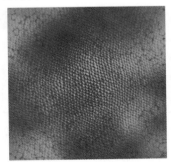

图4-156

16 将"图层6"的图层样式拷贝并粘贴到"图层7"中，然后将"图层2"拖曳到最上层，效果如图4-157所示。

图4-157

17 确定"图层2"为当前图层，在"图层"面板下方单击"创建新的填充或调整图层"按钮，在弹出的菜单中选择"色相/饱和度"命令，然后在"属性"面板中设置"色相"为2、"饱和度"为-3、"明度"为-25，具体参数设置如图4-158所示，效果如图4-159所示。

图4-158　　　　　　　　　图4-159

18 选择"图层6"图层，然后设置该图层的"混合模式"为"颜色减淡"、"不透明度"为90%，如图4-160所示，最终效果如图4-161所示。

图4-160　　　　　　　　　图4-161

4.3.4　皮革质感的应用

01 打开光盘中的"光盘>素材文件>CH04>钱包.psd"文件，效果如图4-162所示。

图4-162

02 打开光盘中的"光盘>素材文件>CH04>皮革质感.jpg"文件，将其拖曳到"钱包"操作界面中，然后将新生成的图层更名为"图层7"，并将该图层灌入"图层1副本"，如图4-163所示，"皮革钱包"最终效果如图4-164所示。

图4-163

图4-164

02 切换到"路径"面板，然后创建一个新路径"路径1"，接着使用"钢笔工具" ✒ 绘制一条如图4-166所示的路径。

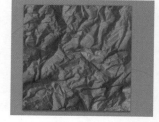

图4-166

03 单击"工具箱"中的"画笔工具"按钮 ✓，然后打开"画笔"面板，接着设置"大小"为50像素、"间距"为100%，具体参数设置如图4-167所示。

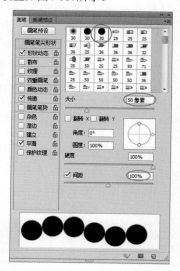

图4-167

04 创建一个新图层"图层1"，然后设置前景色为白色，接着单击"工具箱"中的"钢笔工具"按钮 ✒，在绘图区域中单击右键，在弹出的菜单中选择"描边路径"命令，打开"描边路径"对话框，设置"工具"为"画笔"，具体参数设置如图4-168所示，效果如图4-169所示。

图4-168

4.4 珍珠特效

本例设计的珍珠特效效果。

实例位置：光盘>实例文件>CH04>4.4.psd
难易指数：★★★☆☆
技术掌握：掌握珍珠特效的设计思路与方法

4.4.1 确定珍珠造型

01 打开光盘中的"光盘>素材文件>CH04>纸.jpg"文件，效果如图4-165所示。

图4-165

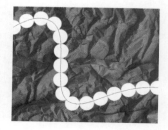

图4-169

4.4.2 添加质感

01 执行"图层>图层样式>斜面和浮雕"菜单命令，打开"图层样式"对话框，然后设置"方法"为"雕刻清晰"、"深度"为610%、"大小"为17像素、"软化"为6像素、"角度"为-60度、"高度"为65度、"光泽等高线"为"滚动斜坡-递减"，接着设置"高光模式"为"叠加"、高光的不透明度为90%、阴影的不透明度为50%，具体参数设置如图4-170所示，效果如图4-171所示。

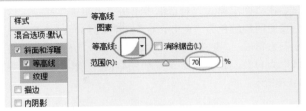

图4-173

图4-174

03 在"图层样式"对话框中单击"内发光"样式，然后设置"混合模式"为"正片叠底"、"不透明度"为40%、发光颜色为黑色、"大小"为15像素，接着勾选"消除锯齿"，并设置"范围"为75%，具体参数设置如图4-175所示，效果如图4-176所示。

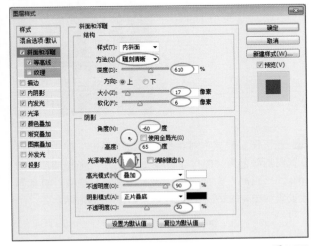

图4-170

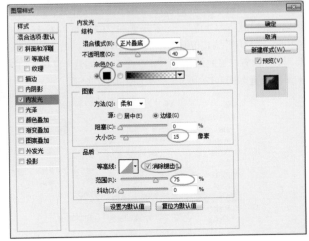

图4-175

图4-171

02 单击"斜面与浮雕"样式下面的"等高线"选项，然后打开"等高线编辑器"对话框，接着设置"输入"为78%、"输出"为51%，如图4-172所示，最后返回到"图层样式"对话框中设置"范围"为70%，如图4-173所示，效果如图4-174所示。

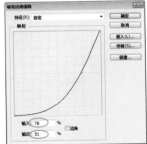

图4-172

图4-176

04 在"图层样式"对话框中单击"内阴影"样式，然后设置阴影颜色为（R:98，G:161，B:213）、"不透明度"为48%、"角度"为-60度、"距离"为5像素、"阻塞"为11%，具体参数设置如图4-177所示，效果如图4-178所示。

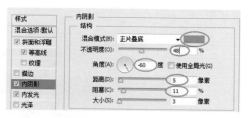

图4-177

图4-178

05 在"图层样式"对话框中单击"光泽"样式，然后设置"混合模式"为"亮光"、效果颜色为（R:119，G:164，B:205）、"角度"为120度、"距离"为30像素、"大小"为0像素、接着设置"等高线"为"内凹-深"，并勾选"反相"，具体参数设置如图4-179所示，效果如图4-180所示。

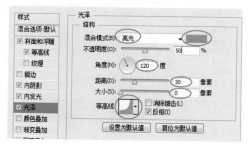

图4-179

图4-180

06 在"图层样式"对话框中单击"颜色叠加"样式，然后设置叠加颜色为白色，具体参数设置如图4-181所示，效果如图4-182所示。

图4-181

图4-182

07 在"图层样式"对话框中单击"投影"样式，然后设置阴影颜色为（R:1，G:48，B:76）、"不透明度"为80%、"距离"为10像素、"大小"为11像素，具体参数设置如图4-183所示，最终效果如图4-184所示。

图4-183

图4-184

技术专题：新建图层样式

　　打开"图层样式"对话框，单击"样式"选项，然后单击该对话框中的"新建样式"按钮打开"新建样式"对话框，输入"名称"为"珍珠"，如图4-185所示。

图4-185

单击"确定"按钮就新建了"珍珠"样式，此时在"样式"选项就有了"珍珠"样式，如图4-186所示。

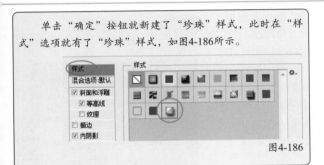

图4-186

4.5 巧克力

本例设计的巧克力特效效果。

实例位置：光盘>实例文件>CH04>4.5.psd
难易指数：★★★☆☆
技术掌握：掌握巧克力特效的设计思路与方法

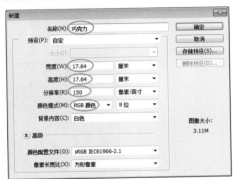

4.5.1 制作巧克力底面

01 启动Photoshop CS6，按Ctrl+N组合键新建一个"巧克力"文件，具体参数设置如图4-187所示。

图4-187

02 选择"渐变工具" ，然后打开"渐变编辑器"对话框，接着设置第1个色标的颜色为（R:240，G:4，B:136）、第2个色标的颜色为（R:79，G:4，B:39），如图4-188所示，接着按照如图4-188所示的方向为"背景"图层填充径向渐变色，如图4-189所示。

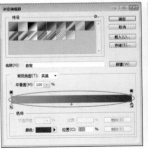

图4-188　　　　　　　　　　图4-189

03 切换到"路径"面板，新建一个"路径1"，然后选择"圆角矩形工具" ，并在选项栏中设置"半径"为10像素，接着绘制一个如图4-190所示圆角矩形路径。

图4-190

04 新建一个"图层1"，然后按Ctrl+Enter组合键载入路径的选区，接着设置前景色为（R:103，G:38，B:1），最后按Alt+Delete组合键用前景色填充选区，完成后按Ctrl+D组合键取消选区，效果如图4-191所示。

图4-191

05 复制出一个新路径"路径1副本"，然后执行"编辑>自由变换路径"菜单命令，接着按住Shift+Alt组合键的同时将其等比例缩小到如图4-192所示的大小。

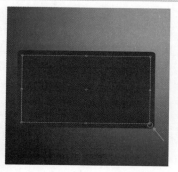

图4-192

06 新建一个"图层2"，然后设置前景色为（R:136，G:85，B:1），接着打开"画笔"面板，设置"大小"为6像素、"间距"为1%，具体参数设置如图4-193所示。

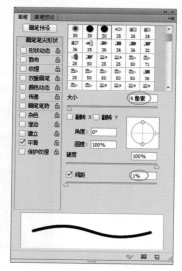

图4-193

07 单击"工具箱"中的"钢笔工具"按钮，然后在绘图区域中单击右键，在弹出的菜单中选择"描边路径"命令，打开"描边路径"对话框，接着设置"工具"为"画笔"，如图4-194所示，效果如图4-195所示。

图4-194

图4-195

08 确定"图层2"为当前图层，然后按住Shift键的同时使用"画笔工具"在圆角矩形的4个圆角位置绘制出如图4-196所示的线段。

图4-196

09 确定"图层2"为当前图层，删除线段的多余部分，如图4-197所示，然后执行"滤镜>模糊>高斯模糊"菜单命令，打开"高斯模糊"对话框，接着设置"半径"为2像素，如图4-198所示，效果如图4-199所示。

图4-197

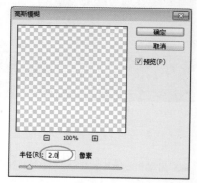

图4-198

图4-199

4.5.2 制作巧克力的侧面

01 在"图层2"的上一层新建一个"图层3"，然后使用"矩形选框工具" 📖 绘制一个如图4-200所示的矩形选区，接着设置前景色为（R:110，G:46，B:2），最后按Alt+Delete组合键用前景色填充选区，完成后按Ctrl+D组合键取消选区，效果如图4-201所示。

图4-200   图4-201

02 切换到"路径"面板，新建一个路径"路径2"，然后使用"钢笔工具" 🖋 绘制出巧克力两个侧面的轮廓形状，如图4-202所示。

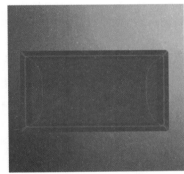

图4-202

03 确定"图层3"为当前图层，载入"路径2"的选区，然后按Ctrl+J组合键复制一个"图层4"，如图4-203所示。

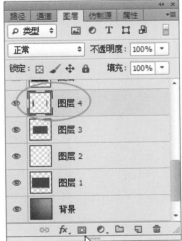

图4-203

04 选择"图层3"图层，然后重新载入"路径2"的选区，接着执行"选择>修改>扩展"菜单命令，打开"扩展选区"对话框，最后设置"扩展量"为2像素，如图4-204所示，效果如图4-205所示。

图4-204

图4-205

05 执行"选择>修改>羽化"菜单命令，打开"羽化选区"对话框，然后设置"羽化半径"为3像素，如图4-206所示，效果如图4-207所示，接着按Ctrl+J组合键复制一个"图层5"，如图4-208所示。

图4-206

图4-207

图4-208

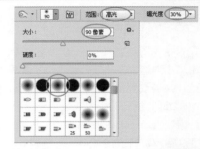

图4-211

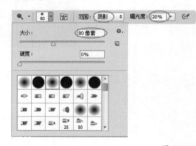

图4-212

06 确定"图层5"为当前图层，选择"减淡工具" ，然后在选项栏中选择一种柔边笔刷，接着设置"大小"为60像素、"范围"为"高光"、"曝光度"为20%，如图4-209所示，最后绘制出边缘高光效果，效果如图4-210所示。

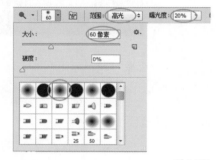

图4-209

4.5.3 制作凸起效果

01 选择"图层3"图层，然后选择"减淡工具" ，接着在选项栏中设置"大小"为80像素、"范围"为"阴影"、"曝光度"为20%，如图4-213所示，最后减淡中间部分，效果如图4-214所示。

图4-213

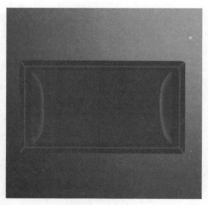

图4-210

07 选择"图层4"图层，然后选择"加深工具" ，接着在选项栏中设置"大小"为90像素、"范围"为"高光"、"曝光度"为30%，如图4-211所示，最后加深两个侧面，效果如图4-212所示。

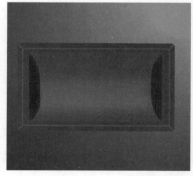

图4-214

当使用"加深工具" 🔍时，按住Alt键可切换到"减淡工具" 🔍；当使用"减淡工具" 🔍时，按住Alt可切换到"加深工具" 🔍。

02 交替使用"减淡工具" 🔍和"加深工具" 🔍绘制出受光效果和背光效果，如图4-215所示。

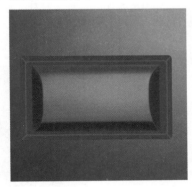

图4-215

03 切换到"路径"面板，新建一个"路径3"，然后使用"钢笔工具" 🖊绘制一个如图4-216所示的路径。

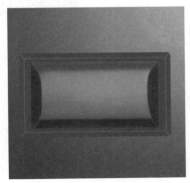

图4-216

04 在最上层新建一个"图层6"，然后载入"路径3"的选区，接着设置前景色为（R:95，G:43，B:0），最后按Alt+Delete组合键用前景色填充选区，完成后按Ctrl+D组合键取消选区，效果如图4-217所示。

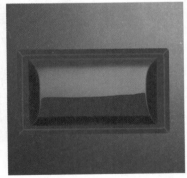

图4-217

05 执行"滤镜>模糊>高斯模糊"菜单命令，打开"高斯模糊"对话框，然后设置"半径"为5像素，如图4-218所示，效果如图4-219所示。

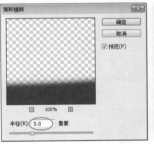 

图4-218　　　　　　　图4-219

4.5.4 添加阴影及文字效果

01 在"图层2"的上一层新建一个"图层7"，然后载入"图层3"的选区，接着设置前景色为（R:56，G:14，B:0），最后按Alt+Delete组合键用前景色填充选区，效果如图4-220所示。

图4-220

02 按Ctrl+D组合键取消选区，然后执行"滤镜>模糊>高斯模糊"菜单命令，打开"高斯模糊"对话框，接着设置"半径"为5像素，如图4-221所示，效果如图4-222所示。

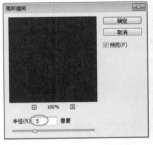 

图4-221　　　　　　　图4-222

03 在"背景"的上一层新建一个"图层8"，然后载入"图层1"的选区，接着用黑色填充选区，最后执行"滤镜>模糊>高斯模糊"菜单命令，并在弹出的"高斯模糊"对话框中设置"半径"为5像素，如图4-223所示，效果如图4-224所示。

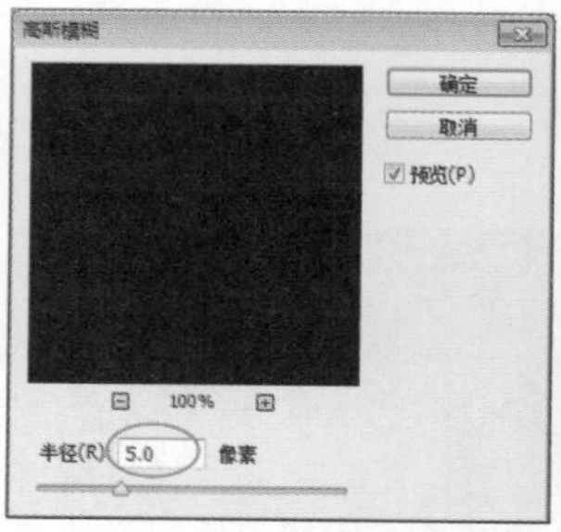

图4-223

图4-224

07 确定当前图层为"图层9",执行"图层>图层样式>斜面和浮雕"菜单命令,打开"图层样式"对话框,然后设置"方向"为"下",如图4-228所示,效果如图4-229所示。

图4-228

04 打开光盘中的"光盘>素材文件>CH04>字.jpg"文件,效果如图4-225所示。

图4-225

05 将"字"文件拖曳到"巧克力"操作界面中,然后使用"魔棒工具" 选择白色区域,接着反选选区并删除选区中的图像,如图4-226所示。

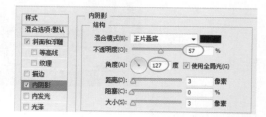

图4-229

08 在"图层样式"对话框中单击"内阴影"样式,然后设置"不透明度"为57%、"角度"为127度,如图4-230所示,效果如图4-231所示。

图4-226

图4-230

06 保持选区状态,然后设置前景色为(R:128,G:69,B:32),接着按Alt+Delete组合键用前景色填充选区,最后按Ctrl+D组合键取消选区,效果如图4-227所示。

图4-227

图4-231

09 确定当前图层为"图层9",然后载入"图层6"

的选区，接着选择"加深工具" 🖐 ，并在选项栏中设置"大小"为90像素、"范围"为"中间调"、"曝光度"为30%，如图4-232所示，效果如图4-233所示。

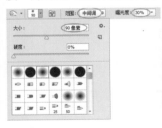

图4-232　　　　　　　　图4-233

[10] 最终将图像调整到面光的角度，"巧克力质感"最终效果如图4-234所示。

图4-234

4.6 琥珀

本例设计的琥珀特效效果。
实例位置：光盘>实例文件>CH04>4.6.psd
难易指数：★★★☆☆
技术掌握：掌握琥珀特效的设计思路与方法

4.6.1 绘制基本外形

[01] 启动Photoshop CS6，按Ctrl+N组合键新建一个"琥珀"文件，具体参数设置如图4-235所示。

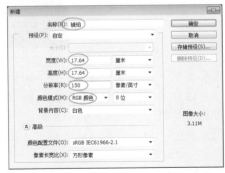

图4-235

[02] 选择"渐变工具" ▣ ，然后打开"渐变编辑器"对话框，接着设置第1个色标的颜色为（R:146，G:146，B:176）、第2个色标的颜色为黑色，如图4-236所示，最后按照如图4-237所示的方向为"背景"图层填充径向渐变色。

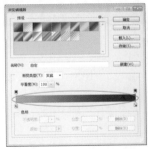

图4-236　　　　　　　　图4-237

[03] 执行"滤镜>杂色>添加杂色"菜单命令，然后在弹出的"添加杂色"对话框中设置"数量"为5%，如图4-238所示，效果如图4-239所示。

图4-238　　　　　　　　图4-239

[04] 新建一个"图层1"，然后切换到"路径"面板，接着新建一个"路径1"，最后使用"钢笔工具" ✐ 绘制出琥珀的轮廓形状，如图4-240所示。

125

图4-240

在本案例中，"图层1"作为琥珀的基本形状，上面的图层与效果只是针对该图层来完成的，这些图层将全部创建为剪贴图层（即全部灌入"图层1"）。

4.6.2 制作光泽效果

05 载入"路径1"的选区，然后设置前景色为（R:132，G:54，B:16），接着按Alt+Delete组合键用前景色填充选区，效果如图4-241所示。

06 新建一个路径"路径2"，然后使用"钢笔工具" ✍ 绘制一个如图4-242所示的路径。

01 新建一个路径"路径3"，然后使用"钢笔工具" ✍ 绘制一个如图4-246所示的路径。

图4-246

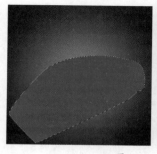

图4-241   图4-242

07 新建一个"图层2"，然后载入"路径2"的选区，接着设置前景色为（R:225，G:222，B:31），最后按Alt+Delete组合键用前景色填充选区，效果如图4-243所示，完成后将"图层2"灌入"图层1"，如图4-244所示，效果如图4-245所示。

02 确定"图层1"为当前图层，载入"路径3"的选区，然后执行"选择>修改>羽化"菜单命令，打开"羽化选区"对话框，接着设置"羽化半径"为2像素，如图4-247所示，效果如图4-248所示。

图4-247

图4-243   图4-244

图4-248

03 按Ctrl+J组合键复制一个新图层"图层3"，然后将"图层3"灌入"图层1"，效果如图4-249所示。

图4-245

图4-249

04 确定"图层3"为当前图层，载入该图层的选区，然后执行"选择>修改>收缩"菜单命令，打开"收缩选区"对话框，接着设置"收缩量"为2像素，如图4-250所示，效果如图4-251所示，最后按Ctrl+J组合键复制得到一个新图层"图层4"。

图4-250

图4-251

05 选择"图层3"图层，然后使用"减淡工具" 绘制出高光效果，如图4-252所示。

06 选择"图层4"图层，然后使用"减淡工具" 绘制出高光效果，如图4-253所示。

图4-252   图4-253

07 选择"图层1"图层，然后交替使用"减淡工具" 与"加深工具" 绘制出琥珀的亮部与暗部，效果如图4-254所示。

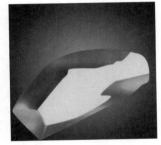

图4-254

08 设置"图层2"的"混合模式"为"强光"、"不透

明度"为50%，效果如图4-255所示。

09 为"图层2"添加一个图层蒙版，然后使用黑色画笔修饰表现，效果如图4-256所示。

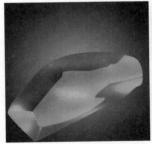
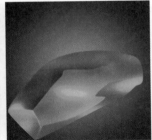

图4-255   图4-256

4.6.3 制作高光与反光

01 新建一个路径"路径4"，然后使用"钢笔工具" 绘制一条如图4-257所示的路径。

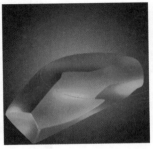

图4-257

02 在最上层新建一个"图层5"，然后设置前景色为白色，接着设置画笔"大小"为4像素，最后选择"钢笔工具" ，并在绘图区域中单击右键，在弹出的菜单中选择"描边路径"命令，打开"描边路径"对话框，设置"工具"为"画笔"，如图4-258所示，效果如图4-259所示。

图4-258

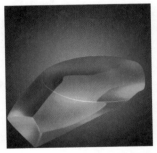

图4-259

03 确定"图层5"为当前图层，使用"橡皮擦工具" 🖊
擦掉一些不需要的部分，效果如图4-260所示。

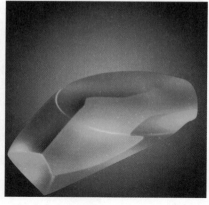

图4-260

04 新建一个路径"路径5"，然后使用"钢笔工具" 🖊
绘制出如图4-261所示的路径。

图4-261

05 在最上层新建一个"图层6"，然后载入"路径5"的选
区，接着使用白色填充选区，效果如图4-262所示。

图4-262

06 为"图层6"添加一个图层蒙版，然后使用黑色画笔
修饰部分高光，接着设置该图层的"不透明度"为55%，
效果如图4-263所示。

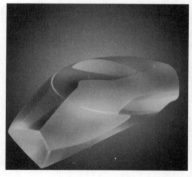

图4-263

07 在最上层新建一个"图层7"，然后载入"图层1"的选
区，接着设置前景色为（R:63，G:0，B:0），最后按Alt+Delete
组合键用前景色填充选区，效果如图4-264所示。

图4-264

08 将选区收缩5像素并羽化5像素，如图4-265和图4-266
所示，效果如图4-267所示。

图4-265

图4-266

图4-267

09 删除选区中的内容，然后设置该图层的"不透明度"为60%，效果如图4-268所示。

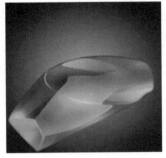

图4-268

10 在"背景"图层的上一层新建一个"图层8"，然后载入"图层1"的选区，并使用黑色填充，接着执行"滤镜>模糊>高斯模糊"菜单命令，打开"高斯模糊"对话框，最后设置"半径"为5像素，如图4-269所示，效果如图4-270所示。

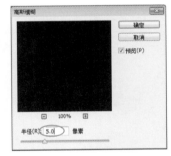

图4-269

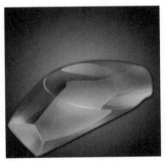

图4-270

11 确定"图层8"为当前图层，按下Ctrl+T组合键进入自由变换模式，然后单击选项栏中的"在自由变换和变形模式之间切换"按钮，调整阴影的大小以及透视关系，如图4-271所示。

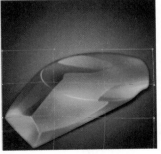

图4-271

4.6.4 添加内部天然纹理

01 打开光盘中的"光盘>素材文件>CH04>晶石.jpg"文件，效果如图4-272所示。

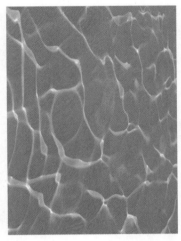

图4-272

02 将"晶石"文件拖曳到"琥珀"操作界面中，将新生成的"图层9"拖曳到"图层1"的上一层，然后按下Ctrl+T组合键进入自由变换状态，接着单击选项栏中的"在自由变换和变形模式之间切换"按钮，调整大小以及透视关系，如图4-273所示。

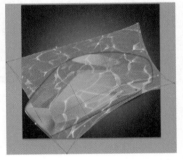

图4-273

03 设置"图层9"的"混合模式"为"叠加"，最终效果如图4-274所示。

图4-274

4.7 玉佩

本例设计的玉佩特效效果。
实例位置: 光盘>实例文件>CH04>4.7.psd
难易指数: ★★★☆☆
技术掌握: 掌握玉佩特效的设计思路与方法

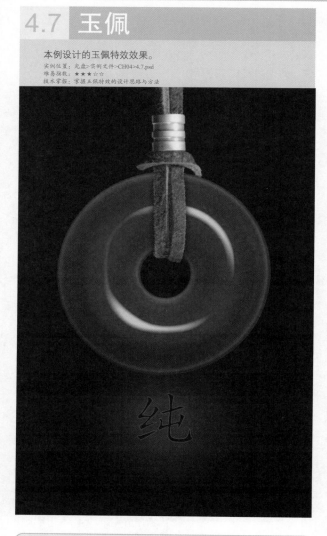

4.7.1 确定玉佩造型

01 启动Photoshop CS6, 按Ctrl+N组合键新建一个"玉佩"文件, 具体参数设置如图4-275所示。

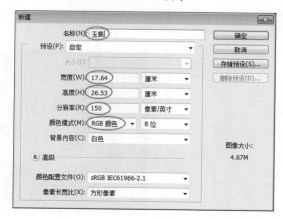

图4-275

02 新建一个路径"路径1", 然后按住Shift键的同时使用"椭圆工具" 绘制两个圆形路径, 如图4-276所示。

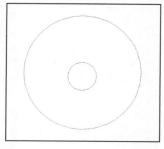

图4-276

03 使用"路径选择工具" 选择两条圆形路径, 然后单击选项栏中的"路径对其方式"按钮, 在弹出的下拉菜单中选择"垂直居中" 和"水平居中", 使两条路径向中心对齐, 效果如图4-277所示。

04 继续单击选项栏中的"路径操作"按钮, 然后在弹出的下拉菜单中选择"合并形状组件", 合并两条路径, 效果如图4-278所示。

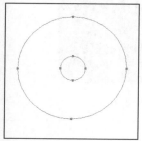
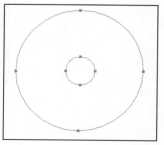

图4-277　　　　　　　　图4-278

4.7.2 制作玉石质感

01 用黑色填充"背景"图层, 然后载入"路径1"的选区, 接着设置前景色为(R:27, G:141, B:54), 最后新建一个"图层1", 并用前景色填充该图层, 效果如图4-279所示。

图4-279

02 执行"图层>图层样式>斜面和浮雕"菜单命令，打开"图层样式"对话框，然后设置"深度"为42%、"大小"为63像素、"软化"为3像素，接着设置高光的不透明度为82%，具体参数设置如图4-280所示，效果如图4-281所示。

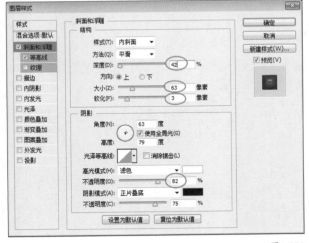

图4-280

图4-281

03 单击"斜面与浮雕"样式下面的"等高线"选项，然后设置"范围"为16%，具体参数设置如图4-282所示，效果如图4-283所示。

图4-282

图4-283

04 在"图层样式"对话框中单击"内阴影"样式，然后设置"混合模式"为"滤色"、"角度"为-39度、"距离"为1像素、"阻塞"为4%、"大小"为16像素，接着设置"等高线"为"锯齿1"，具体参数设置如图4-284所示，效果如图4-285所示。

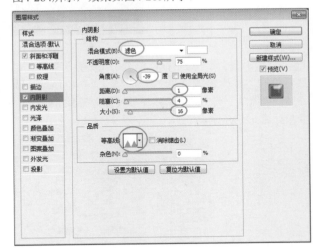

图4-284

图4-285

05 在"图层样式"对话框中单击"内发光"样式，然后设置"混合模式"为"颜色减淡"、"不透明度"为28%、接着设置"阻塞"为37%、"大小"为47像素、"范围"为37%，具体参数设置如图4-286所示，效果如图4-287所示。

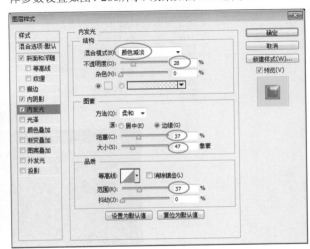

图4-286

图4-287

06 在"图层样式"对话框中单击"图案叠加"样式，然后设置"混合模式"为"柔光"、"不透明度"为23%、"缩放"为75%，具体参数设置如图4-288所示，效果如图4-289所示。

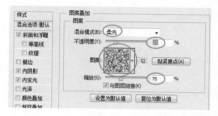

图4-288

图4-289

07 在"图层样式"对话框中单击"光泽"样式，然后设置"不透明度"为39%、"角度"为124度、"距离"为4像素、"大小"为15像素、"等高线"为"起伏斜面-下降"，具体参数设置如图4-290所示，效果如图4-291所示。

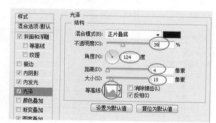

图4-290

图4-291

4.7.3 制作文字效果

01 使用"横排文字工具" T.在"玉佩"的下面输入"纯"字，然后执行"图层>图层样式>外发光"菜单命令，打开"图层样式"对话框，接着设置"混合模式"为"正常"、发光颜色为（R:225，G:0，B:66），最后设置"扩展"为6%、"大小"为136像素、"范围"为27%，具体参数设置如图4-292所示，效果如图4-293所示。

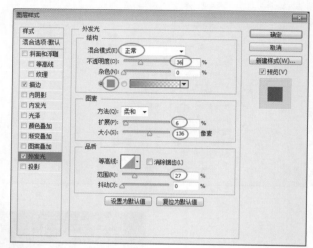

图4-292

图4-293

02 在"图层样式"对话框中单击"描边"样式，然后设置"大小"为1像素、"位置"为"内部"、"不透明度"为67%、"颜色"为（R:225，G:0，B:0），具体参数设置如图4-294所示，效果如图4-295所示。

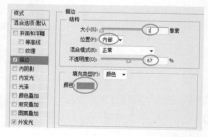

图4-294

图4-295

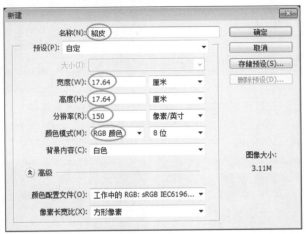

4.8.1 制作貂皮纹理

01 启动Photoshop CS6，按Ctrl+N组合键新建一个"貂皮"文件，具体参数设置如图4-297所示。

03 最后添加一根"绳索"来装饰"玉佩"，最终效果如图4-296所示。

图4-296

图4-297

02 设置前景色为（R:176，G:146，B:45）、背景色为（R:63，G:51，B:10），然后按Ctrl+Delete组合键用背景色填充"背景"图层，效果如图4-298所示。

图4-298

03 执行"滤镜>滤镜库"菜单命令，打开"滤镜库"对话框，然后在"纹理"滤镜组下选择"染色玻璃"滤镜，接着设置"单元格大小"为42、"边框粗细"为17，如图4-299所示，效果如图4-300所示。

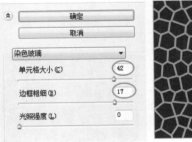

图4-299   图4-300

4.8 豹皮

本例设计的貂皮特效效果。

实例位置：光盘>实例文件>CH04>4.8.psd
难易指数：★★★☆☆
技术掌握：掌握貂皮特效的设计思路与方法

04 切换到"通道"面板，然后复制出一个新通道"红副本"，如图4-301所示，效果如图4-302所示。

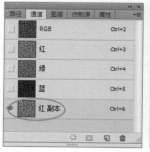
图4-301

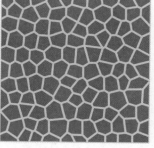
图4-302

05 选择通道"红副本",执行"滤镜>模糊>高斯模糊"菜单命令,打开"高斯模糊"对话框,然后设置"半径"为8像素,如图4-303所示,效果如图4-304所示。

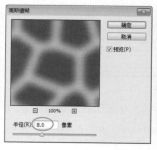
图4-303

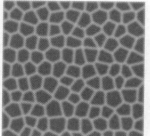
图4-304

06 执行"图像>调整>色阶"菜单命令,然后在弹出的"色阶"对话框中设置"输入色阶"为(77,1.12,96),具体参数设置如图4-305所示,效果如图4-306所示。

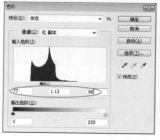
图4-305

图4-306

07 新建一个图层"图层1",然后载入通道"红副本"的选区,并用前景色填充选区,接着执行"选择>反向"菜单命令,最后用背景色填充选区,效果如图4-307所示。

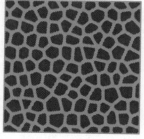
图4-307

08 保持选区状态,执行"编辑>描边"菜单命令,打开

"描边"对话框,然后设置"宽度"为8像素、"颜色"为黑色、"位置"为"内部",具体参数设置如图4-308所示,效果如图4-309所示。

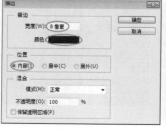
图4-308

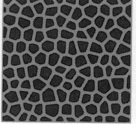
图4-309

09 取消选区,然后执行"滤镜>像素化>晶格化"菜单命令,打开"晶格化"对话框,然后设置"单元格大小"为30,具体参数设置如图4-310所示,效果如图4-311所示。

图4-310

图4-311

10 执行"滤镜>杂色>中间值"菜单命令,打开"中间值"对话框,然后设置"半径"为5像素,具体参数设置如图4-312所示,效果如图4-313所示。

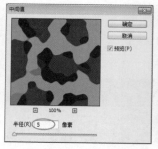
图4-312

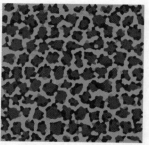
图4-313

11 执行"滤镜>杂色>添加杂色"菜单命令,打开"添加杂色"对话框,然后勾选"单色",接着设置"数量"为10%,具体参数设置如图4-314所示,效果如图4-315所示。

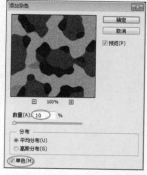
图4-314

图4-315

执行"滤镜>风格化>风"菜单命令，打开"风"对话框，设置"方法"为"风"，"方向"为"左"，然后再次执行"滤镜>风格化>风"菜单命令，打开"风"对话框，设置"方向"为"右"，如图4-316所示，效果如图4-317所示。

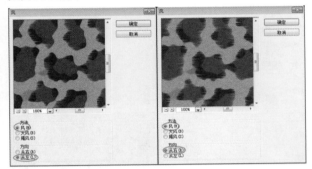

图4-316

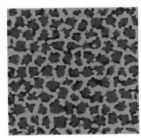

图4-317

执行"滤镜>风格化>扩散"菜单命令，打开"扩散"对话框，然后设置"模式"为"正常"，如图4-318所示，效果如图4-319所示。

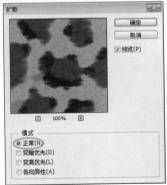

图4-318　　　　图4-319

4.8.2 表现貂皮质感

01 在最上层新建一个"图层2"，然后设置前景色为（R:90，G:90，B:90），接着按Alt+Delete组合键用前景色填充该图层，效果如图4-320所示。

图4-320

02 执行"滤镜>杂色>添加杂色"菜单命令，打开"添加杂色"对话框，然后勾选"单色"，接着设置"数量"为20%，具体参数设置如图4-321所示，效果如图4-322所示。

图4-321　　　　图4-322

03 执行"滤镜>模糊>动感模糊"菜单命令，打开"动感模糊"对话框，然后设置"角度"为0度、"距离"为35像素，具体参数设置如图4-323所示，效果如图4-324所示。

图4-323　　　　图4-324

04 执行"滤镜>扭曲>波纹"菜单命令，打开"波纹"对话框，然后设置"数量"为80%、"大小"为"中"，具体参数设置如图4-325所示，效果如图4-326所示。

图4-325　　　　　　　　图4-326

图4-330

05 将当前文件储存为"貂皮置换图.psd"文件，然后执行"滤镜>扭曲>置换"菜单命令，打开"置换"对话框，接着设置"水平比例"为40，具体参数设置如图4-327所示。

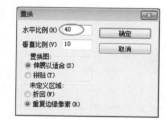

图4-327

08 设置"图层2"的"混合模式"为"正片叠底"，然后执行"滤镜>渲染>光照效果"菜单命令，打开"光照效果"对话框，接着设置"光照效果"为"点光"、"颜色"为（R:252，G:205，B:175)、"强度"为37、"着色"为白色、"环境"为-23，具体参数设置如图4-331所示，最终效果如图4-332所示。

06 单击"确定"按钮，打开"选择一个置换图"对话框，选择保存好的"貂皮置换图.psd"文件，如图4-328所示，效果如图4-329所示。

图4-328

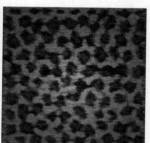

图4-331　　　　　　　　图4-332

4.9 羽毛

本例设计的羽毛特效效果。

实例位置：光盘>实例文件>CH04>4.9.psd
难易指数：★★★☆☆
技术掌握：掌握羽毛特效的设计思路与方法

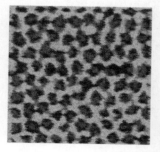

图4-329

07 选择"图层2"图层，然后执行"滤镜>风格化>查找

4.9.1 确定基本外形

01 启动Photoshop CS6，按Ctrl+N组合键新建一个"羽毛"文件，具体参数设置如图4-333所示。

图4-333

02 首先制作好背景，然后新建一个路径"路径1"，接着使用"钢笔工具" ☑ 绘制一条如图4-334所示的路径。

图4-334

03 新建一个"图层1"，然后设置前景色为（R:142，G:142，B:142），接着打开"画笔"面板，选择一种毛笔笔刷，最后设置画笔"大小"为43像素、"粗细"为26%，具体参数设置如图4-335所示。

图4-335

04 单击"工具箱"中的"钢笔工具"按钮 ☑，然后在绘图区域中单击鼠标右键，在弹出的菜单中选择"描边路径"命令，打开"描边路径"对话框，接着勾选"模拟压力"选项，最后设置"工具"为"画笔"，如图4-336所示，效果如图4-337所示。

图4-336

图4-337

05 载入"图层1"的选区，然后将其收缩1像素，并将其羽化2像素，如图4-338和图4-339所示，接着按Ctrl+J组合键拷贝得到一个新图层"图层2"，如图4-340所示。

图4-338

图4-339

图4-340

06 确定"图层2"为当前图层，执行"图像>调整>色阶"菜单命令，然后在弹出的"色阶"对话框中设置

"输入色阶"为（0，1.57，179），如图4-341所示，效果如图4-342所示。

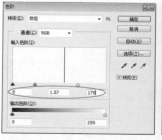
图4-341

图4-342

07 新建4个路径，然后使用"钢笔工具" 分别在这些路径中绘制出羽毛4个部分的路径，如图4-343所示。

图4-343

专家点拨

羽毛中的4个部分如图4-344所示，第一部分将在"组1"中操作，第二部分将在"组2"中操作，第3部分将在"组3"中操作，第4部分将在"组4"中操作。

图4-344

4.9.2 制作毛绒效果

01 在"组1"中新建一个图层"图层1"，然后设置前景色为白色、背景色为（R:79, G:79, B:79），接着载入"路径2"的选区，最后执行"滤镜>渲染>云彩"菜单命令，效果如图4-345所示。

图4-345

02 采用相同的方法为"路径3"、"路径4"和"路径5"的选区添加云彩效果，效果如图4-346所示。

图4-346

03 单击"工具箱"中的"涂抹工具"按钮 ，然后在选项栏中设置画笔样式为"滴溅59像素"、"强度"为50%，如图4-347所示，接着顺着羽毛的方向涂抹出毛绒效果，如图4-348所示。

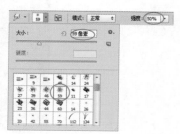
图4-347

图4-348

04 在"组4"中新建一个图层"图层2"，然后载入"图层1"的选区，并用黑色填充选区，如图4-349所示。

图4-349

05 执行"编辑>自由变换"菜单命令，然后单击选项栏中的"在自由变换和变形模式之间切换"按钮，将图像按照如图4-350所示进行变形。

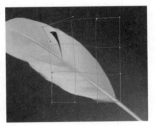

图4-350

06 执行"滤镜>模糊>高斯模糊"菜单命令，打开"高斯模糊"对话框，然后设置"半径"为1像素，如图4-351所示，接着设置"图层2"的"不透明度"为40%，效果如图4-352所示。

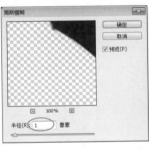

图4-351

图4-352

07 采用相同的方法为其他部分的羽毛添加阴影效果，效果如图4-353所示。

图4-353

4.9.3 制作羽毛纹路

01 新建一个路径"路径6"，然后使用"钢笔工具"绘制一条路径，接着使用"路径选择工具"选择该路径，按Ctrl+T组合键进入自由变换状态，再按两次键盘上的方向键↓，并按小键盘上的Enter键确定操作，最后连续按Ctrl+Alt+Shift+T组合键复制路径，效果如图4-354所示。

图4-354

02 选择"路径6"，执行"编辑>自由变换"菜单命令，然后单击选项栏中的"在自由变换和变形模式之间切换"按钮，将路径按照如图4-355所示进行变形。

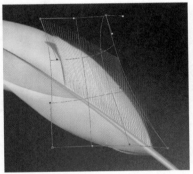

图4-355

03 设置前景色为白色，然后在"组4"中新建一个图层"图层3"，接着设置画笔"大小"为2像素，最后为"路径"描边，效果如图4-356所示。

图4-356

04 选择"橡皮擦工具"，然后在选项栏中设置"不透明度"为50%、"流量"为50%，如图4-357所示，接着擦去多余的部分，如图4-358所示。

图4-357

图4-358

[05] 采用相同的方法制作出羽毛其他部分的纹路效果，如图4-359所示。

图4-359

4.9.4 制作羽绒效果

[01] 在"组4"的上面新建一个图层"图层2"，然后使用"椭圆选框工具"绘制一个大小合适的圆形选区，并将其羽化10像素，接着执行"滤镜>渲染>云彩"菜单命令，效果如图4-360所示。

图4-360

[02] 使用"涂抹工具"涂抹出羽毛下方的羽绒部分，效果如图4-361所示。

图4-361

[03] 新建一个文件，设置"宽度"为100像素、"高度"为500像素，"分辨率"为72像素，然后新建一个图层"图层1"，接着使用"画笔工具"绘制一条S型曲线，如图4-362所示，最后将图像定义为画笔。

[04] 切换到"羽毛"操作界面中，打开"画笔"面板，然后选择上一步定义的画笔，接着设置"大小"为200像素、"间距"为25%，具体参数设置如图4-363所示。

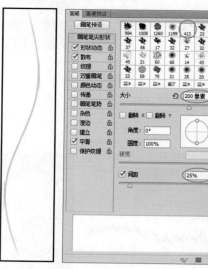

图4-362   图4-363

[05] 在最上层新建一个图层"图层3"，然后横向拖曳光标绘制出毛绒效果，如图4-364所示，接着将图像按照如图4-365所示进行变形。

图4-364

图4-365

06 将毛绒复制一个到羽毛的另一侧，效果如图4-366所示。

图4-366

07 在"背景"图层的上一层新建一个图层"阴影"，然后使用"钢笔工具" ✐ 绘制出阴影的路径，如图4-367所示。

图4-367

08 载入路径的选区，然后执行"选择>修改>羽化"菜单命令，在弹出的"羽化选区"对话框中设置"羽化半径"为10像素，如图4-368所示，接着用黑色填充选区，效果如图4-369所示。

图4-368

图4-369

09 为该图层添加一个图层蒙版，然后使用黑色画笔在蒙版中修饰阴影，如图4-370所示，效果如图4-371所示。

图4-370　　　　　　　　　　图4-371

10 设置该图层的"混合模式"为"正片叠底"，最终效果如图4-372所示。

图4-372

4.10 轻烟

本例设计的轻烟特效效果。

实例位置：光盘>实例文件>CH04>4.10.psd
难易指数：★★★☆☆
技术掌握：掌握轻烟特效的设计思路与方法

4.10.1 制作轻烟特效

01 启动Photoshop CS6，按Ctrl+N组合键新建一个"轻烟质感"文件，具体参数设置如图4-373所示。

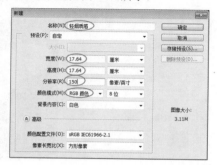

图4-373

02 将"背景"图层转换为可操作图层"图层1"，然后用黑色填充该图层，效果如图4-374所示。

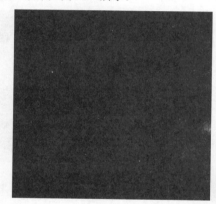

图4-374

03 新建一个图层"图层2"，然后选择"画笔工具" ，接着在选项栏中设置"大小"为15像素，最后使用白色画笔在绘图区域中绘制几条如图4-375所示的曲线。

图4-375

04 选择"涂抹工具" ，然后在选项栏中设置画笔"大小"为45像素、"强度"为70%，如图4-376所示，接着将曲线涂抹成如图4-377所示的效果。

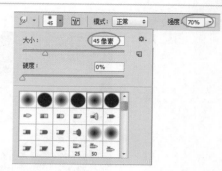

图4-376

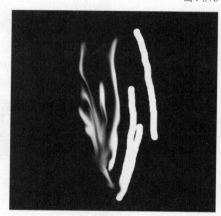

图4-377

05 在上一步的基础上继续使用"涂抹工具" 将图像涂抹成如图4-378所示的效果。

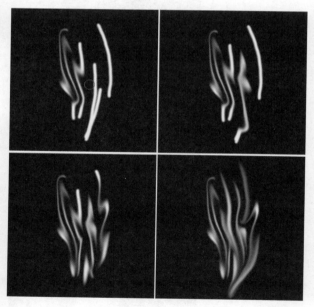

图4-378

06 确定"图层2"为当前图层，执行"滤镜>扭曲>旋转扭曲"菜单命令，打开"旋转扭曲"对话框，然后设置"角度"为100度，具体参数设置如图4-379所示，效果如图4-380所示。

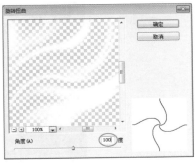

图4-379

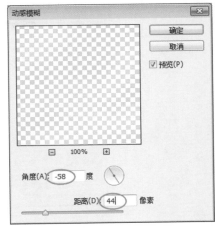

图4-382

图4-380

在处理轻烟特效时,可交替使用"涂抹工具" 和"橡皮擦工具" 来制作轻烟的立体感与层次感,使其更加逼真。

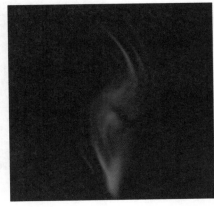

图4-383

07 复制出一个新图层"图层2副本",并暂时隐藏"图层2",然后选择"橡皮擦工具" ,并在选项栏中设置"不透明度"和"流量"为50%,接着将其处理成如图4-381所示的效果。

09 选择"图层2"图层,并暂时隐藏"图层2副本"图层,然后使用"橡皮擦工具" 将其处理成如图4-384所示的效果。

图4-381

图4-384

08 确定"图层2副本"为当前图层,执行"滤镜>模糊>动感模糊"菜单命令,打开"动感模糊"对话框,然后设置"角度"为-58度、"距离"为44像素,具体参数设置如图4-382所示,效果如图4-383所示。

10 执行"滤镜>模糊>动感模糊"菜单命令,打开"动感模糊"对话框,然后设置"角度"为-43度、"距离"为75像素,具体参数设置如图4-385所示,效果如图4-386所示。

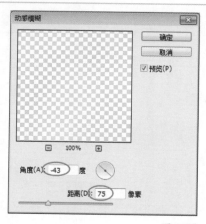

图4-385

图4-389

4.10.2 轻烟质感应用

[01] 打开光盘中的"光盘>素材文件>CH04>烟灰缸.jpg"文件，效果如图4-390所示。

图4-386

[11] 执行"编辑>渐隐"菜单命令，打开"渐隐"对话框，然后设置"不透明度"为70%，具体参数设置如图4-387所示，效果如图4-388所示。

图4-390

[02] 将"轻烟质感"文件中的"图层2"拖曳到"烟灰缸"操作界面中，然后按Ctrl+T组合键进入自由变换状态，接着按Shift键向左上方拖曳定界框的右下角的角控制点，将其等比例缩小到如图4-391所示的大小。

图4-387

图4-388

图4-391

[12] 将"图层2"和"图层2副本"合并为"图层2"，最终效果如图4-389所示。

[03] 确定"图层1"为当前图层，使用"矩形选框工具" 选择"轻烟"部分，如图4-392所示。

图4-392

04 执行"滤镜>扭曲>旋转扭曲"菜单命令，打开"旋转扭曲"对话框，然后设置"角度"为-126度，如图4-393所示，最终效果如图4-394所示。

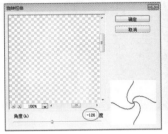

图4-393　　　　　　　　　图4-394

4.11 霓虹灯

本例设计的霓虹灯特效效果。
实例位置：光盘>实例文件>CH04>4.11.psd
难易指数：★★★☆☆
技术掌握：掌握霓虹灯特效的设计思路与方法

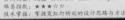

4.11.1 制作文字效果

01 打开光盘中的"光盘>素材文件>CH04>风景.jpg"文件，效果如图4-395所示。

图4-395

02 使用"横排文字工具" T 输入相应的文字，然后将文字图层删格化，并将其更名为"图层1"，接着载入该图层的选区，单击"通道"面板下面的"将选区储存为通道"按钮 ，得到一个新通道Alpha1，最后将选区储存为通道，如图4-396所示，效果如图4-397所示。

图4-396　　　　　　　　　图4-397

03 确定"图层1"为当前图层，载入Alpha1通道的选区，然后执行"编辑>描边"菜单命令，在弹出的"描边"对话框中设置"宽度"为8像素、"颜色"为（R:255，G:87，B:206）、"位置"为"内部"，如图4-398所示，效果如图4-399所示。

图4-398　　　　　　　　　图4-399

04 执行"编辑>变换>水平翻转"菜单命令，然后执行"编辑>变换>垂直翻转"菜单命令，接着执行"编辑>变换>透视"菜单命令，最后调整图像的透视关系，效果如图4-400所示。

图4-400

05 执行"滤镜>其他>最小值"菜单命令，打开"最小值"对话框，然后设置"半径"为2像素，如图4-401所示，效果如图4-402所示。

图4-401

图4-402

4.11.2 制作夜晚效果

01 复制出一个新图层"背景副本",将其拖曳到"背景"图层的上一层,然后执行"图像>调整>色阶"菜单命令,接着设置"输出色阶"为(0,80),具体参数设置如图4-403所示,效果如图4-404所示。

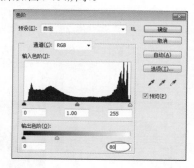

图4-403

图4-406

03 显示"背景副本"图层,然后为该图层添加一个图层蒙版,接着使用黑色画笔将天空部分隐藏掉,只显露出"背景"图层的天空,效果如图4-407所示。

图4-407

04 确定"背景副本"为当前图层,在"图层"面板下方单击"创建新的填充或调整图层"按钮 ，在弹出的菜单中选择"色相/饱和度"命令,然后在"属性"面板中勾选"着色",接着设置"色相"为155、"饱和度"为88,具体参数设置如图4-408所示,效果如图4-409所示。

图4-408

图4-404

02 暂时隐藏"背景副本"图层,然后为"背景"图层添加一个"色相/饱和度"调整图层,接着在"属性"面板中勾选"着色",最后设置"色相"为207、"饱和度"为72、"明度"为-65,具体参数设置如图4-405所示,效果如图4-406所示。

图4-405

图4-409

05 使用黑色画笔工具在"色相/饱和度2"调整图层的蒙版中将屋檐和柱子之外部分隐藏掉,然后设置该图层的"不透明度"为63%,如图4-410所示,效果如图4-411所示。

图4-410

图4-415

图4-411

图4-416

06 继续为图层"背景副本"添加一个"色相/饱和度"调整图层,然后在"属性面板"中勾选"着色",接着设置"色相"为296、"饱和度"为71,具体参数设置如图4-412所示,最后将其灌入图层"背景副本",如图4-413所示,效果如图4-414所示。

4.11.3 制作灯光效果

01 选择"图层1"图层,然后执行"图层>图层样式>内发光"菜单命令,打开"图层样式"对话框,接着设置发光颜色为(R:18、G:254、B:185)、"源"为"居中"、"大小"为4像素,具体参数设置如图4-417所示,效果如图4-418所示。

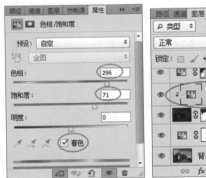

图4-412

图4-413

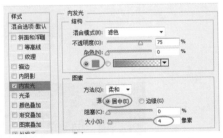

图4-417

图4-414

07 使用黑色画笔在"色相/饱和度3"调整图层的蒙版中将屋檐之外部分隐藏掉,如图4-415所示,效果如图4-416所示。

图4-418

02 在"图层样式"对话框中单击"外发光"样式,然后设置"不透明度"为73%、发光颜色为（R:255，G:0，B:186）、"扩展"为7%、"大小"为19像素，具体参数设置如图4-419所示，效果如图4-420所示。

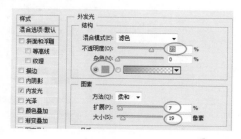

图4-419

图4-423

图4-420

03 在"图层样式"对话框中单击"投影"样式，然后设置"距离"为5像素、"扩展"为1%，具体参数设置如图4-421所示，效果如图4-422所示。

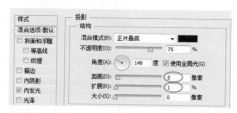

图4-421

05 在"图层2"的上一层新建一个图层"图层3"，然后选择"画笔工具" ，并在选项栏中选择"星形"笔刷，接着设置"不透明度"为80%，如图4-425所示，效果如图4-426所示。

图4-424

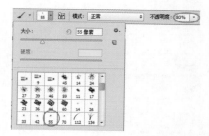

图4-425

图4-422

04 在"图层1"的上一层新建一个图层"图层2"，然后使用黑色画笔将灯光不能照射到的位置绘制成黑色，接着设置该图层的"不透明度"为70%，如图4-423所示，效果如图4-424所示。

图4-426

06 确定"图层3"为当前图层，执行"图层>图层样式>外发光"菜单命令，打开"图层样式"对话框，然后设置"大小"为21像素，具体参数设置如图4-427所示，最终效果如图4-428所示。

图素
方法(Q): 柔和 ▾
扩展(P): 0 %
大小(S): 21 像素

图4-427

图4-428

4.12 雨雪

本例设计的雨雪特效效果。
实例位置：光盘>实例文件>CH04>4.12.psd
难易指数：★★★☆☆
技术掌握：掌握雨雪特效的设计思路与方法

4.12.1 制作下雪效果

01 打开光盘中的"光盘
>素材文件>CH04>湖面
.jpg"文件，效果如图4-429
所示。

图4-429

02 复制出一个新图层"背景副本"，然后执行"图像
>调整>色相/饱和度"菜单命令，打开"色相/饱和度"
对话框，接着设置"饱和度"为-53，具体参数设置如图
4-430所示，阴天效果如图4-431所示。

图4-430   图4-431

03 切换到"通道"面板，复制出一个新通道"绿副
本"，然后执行"图像>调整>色阶"菜单命令，打开
"色阶"对话框，接着在弹出的"色阶"对话框中设置
"输入色阶"为（42，1.86，92），具体参数设置如图
4-432所示，效果如图4-433所示。

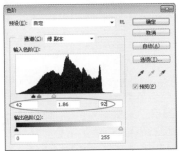

图4-432   图4-433

04 在"背景"图层的上一层新建一个图层"图层1"，并暂
时隐藏图层"背景副本"，然后载入通道"绿副本"的选区，
接着用白色填充选区，效果如图4-434所示。

图4-434

05 为图层"背景副本"添加一个图层蒙版，然后使用
"渐变工具"▇在蒙版中由下至上拉出黑色到透明的线
性渐变色，如图4-435所示，效果如图4-436所示。

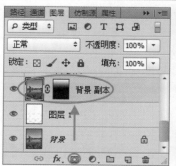 

图4-435　　　　　　　　图4-436

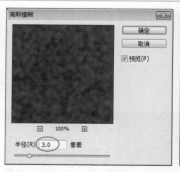 

图4-440　　　　　　　　图4-441

06 确定"图层1"为当前图层，使用白色"画笔工具" ✐在湖面中将树的倒影绘制成白色，效果如图4-437所示。

09 执行"图像>调整>阈值"菜单命令，打开"阈值"对话框，然后设置"阈值色阶"为80，具体参数设置如图4-442所示，效果如图4-443所示。

图4-442

图4-437

07 在最上层新建一个图层"图层2"，然后使用黑色填充该图层，接着执行"滤镜>杂色>添加杂色"菜单命令，打开"添加杂色"对话框，勾选"单色"选项，最后设置"数量"为100%，具体参数设置如图4-438所示，效果如图4-439所示。

图4-443

10 执行"滤镜>模糊>动感模糊"菜单命令，打开"动感模糊"对话框，然后设置"角度"为-82度、"距离"为10像素，具体参数设置如图4-444所示，效果如图4-445所示。

图4-438　　　　　　　　图4-439

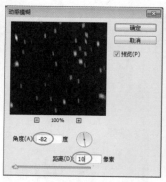 

08 执行"滤镜>模糊>高斯模糊"菜单命令，打开"高斯模糊"对话框，然后设置"半径"为3像素，如图4-440所示，效果如图4-441所示。

图4-444　　　　　　　　图4-445

⑪ 设置"图层2"的"混合模式"为"滤色",如图4-446所示,效果如图4-447所示。

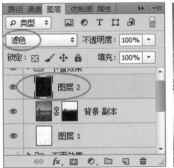

图4-446   图4-447

⑫ 在图层"背景副本"的上一层新建一个图层"图层3",然后使用"径向渐变"为其填充大范围的黑色到透明的渐变色,以增强阴天的氛围,如图4-448所示,效果如图4-449所示。

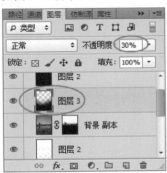

图4-448   图4-449

4.12.2 制作下雨效果

① 继续使用上一节的案例,新建一个图层组"下雪效果",然后将除了"背景"图层外的所有图层拖曳到该组中,并隐藏该组。新建一个图层组"下雨效果",然后复制出一个新图层"背景副本",并将其拖曳到图层组"下雨效果"中,再采用相同的方法将其调整成阴天效果,如图4-450所示,效果如图4-451所示。

图4-450   图4-451

⑫ 在图层"背景副本"的上一层新建一个图层"图层1",并用黑色填充该图层,然后执行"滤镜>杂色>添加杂色"菜单命令,打开"添加杂色"对话框,接着勾选"单色",最后设置"数量"为100%,具体参数设置如图4-452所示,效果如图4-453所示。

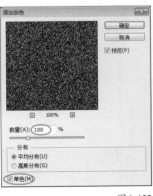

图4-452   图4-453

⑬ 执行"滤镜>模糊>高斯模糊"菜单命令,打开"高斯模糊"对话框,然后设置"半径"为1像素,如图4-454所示,效果如图4-455所示。

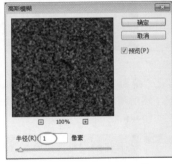

图4-454   图4-455

⑭ 执行"图像>调整>阈值"菜单命令,打开"阈值"对话框,然后设置"阈值色阶"为120,如图4-456所示,效果如图4-457所示。

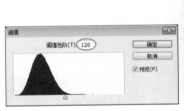

图4-456   图4-457

⑮ 执行"滤镜>模糊>动感模糊"菜单命令,打开"动感模糊"对话框,然后设置"距离"为50像素,具体参数设置如图4-458所示,效果如图4-459所示。

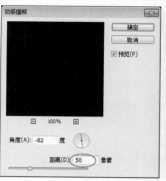

图4-458　　　　　　　　　图4-459

06 设置"图层1"的"混合模式"为"滤色"、"不透明度"为60%，如图4-460所示，效果如图4-461所示。

图4-460　　　　　　　　　图4-461

07 在"图层"面板下方单击"添加图层蒙版"按钮 ◻ ，为该图层添加一个图层蒙版，然后用黑色画笔修饰下雨效果，如图4-462所示，效果如图4-463所示。

图4-462　　　　　　　　　图4-463

08 复制出一个新图层"图层1副本"，并删除该图层的蒙版，然后将其旋转90°，效果如图4-464所示。

图4-464

09 使用"套索工具" ◻ 勾选出湖面部分，如图4-465所示，然后执行"选择>修改>羽化"菜单命令，在弹出的"羽化选区"对话框中设置"羽化半径"为20像素，如图4-466所示，效果如图4-467所示。

图4-465

图4-466

图4-467

10 执行"选择>反向"菜单命令，然后按Delete键将选区中的内容删除，效果如图4-468所示。

图4-468

11 确定"图层1副本"为当前图层，并将其拖曳到"图层1"的下一层，然后执行"图像>调整>反相"菜单命令，效果如图4-469所示。

图4-469

12 设置该图层的"混合模式"为"正片叠底"、"不透明度"为40%，如图4-470所示，效果如图4-471所示。

图4-470　　　　　　图4-471

13 确定"图层1副本"为当前图层，执行"滤镜>扭曲>波纹"菜单命令，打开"波纹"对话框，然后设置"数量"为50%，如图4-472所示，效果如图4-473所示。

图4-472　　　　　　图4-473

14 选择"背景副本"图层，然后使用"椭圆选框工具"在水面上绘制一个椭圆选区，如图4-474所示，接着按Ctrl+J组合键拷贝得到一个新图层"图层2"。

图4-474

15 确定"图层2"为当前图层，然后载入该图层的选区，接着执行"滤镜>扭曲>水波"菜单命令，打开"水波"对话框，然后设置"数量"为100、"起伏"为3，具体参数设置如图4-475所示，效果如图4-476所示。

图4-475　　　　　　图4-476

16 执行"编辑>变换>透视"菜单命令，然后按照如图4-477所示调整其透视关系。

17 采用相同的方法制作出其他水波效果，然后将制作水波的图层合并为"图层2"，效果如图4-478所示。

图4-477　　　　　　图4-478

18 在"图层1"的上一层新建一个图层"图层3"，然后采用上节的方法加强阴天氛围，如图4-479所示，"下雨"最终效果如图4-480所示。

图4-479   图4-480

4.13 海底世界

本例设计的海底世界效果。

实例位置: 光盘>实例文件>CH04>4.13.psd
难易指数: ★★★☆☆
技术掌握: 掌握海底世界的设计思路与方法

4.13.1 制作海底效果

01 启动Photoshop CS6，按Ctrl+N组合键新建一个"海底世界"文件，具体参数设置如图4-481所示。

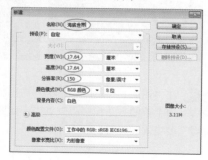

图4-481

02 将"背景"图层转换为可操作图层"图层1"，然后设置前景色为（R:25，G:43，B:147）、背景色为黑色，接着使用"线性渐变"在绘图区域中填充"前景到背景"的渐变色，如图4-482所示。

03 在"图层1"的上一层新建一个图层"图层2"，然后按X键交换前景色和背景色，接着用黑色填充该图层，最后执行"滤镜>渲染>分层云彩"菜单命令，效果如图4-483所示。

图4-482   图4-483

04 执行"滤镜>滤镜库"菜单命令，打开"滤镜库"对话框，然后在"素描"滤镜组下选择"基底凸现"滤镜，接着设置"细节"为14、"平滑度"为4，如图4-484所示，效果如图4-485所示。

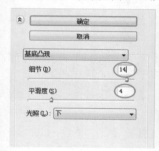   

图4-484   图4-485

05 确定当前图层为"图层2"，按Ctrl+T组合键进入自由变换状态，然后按Shift键向上拖曳定界框的边控制点，将其等比例缩小到如图4-486所示的大小。

图4-486

06 设置"图层2"的"混合模式"为"颜色减淡"，如图4-487所示，效果如图4-488所示。

图4-487

图4-488

4.13.3 制作海草效果

01 在"图层3"的上一层新建一个图层"图层4",然后使用黑色画笔在岩石的上方绘制一些水草,效果如图4-494所示。

图4-494

07 为"图层2"添加一个图层蒙版,然后使用黑色画笔在蒙版中将海面光线效果绘制的真实一些,如图4-489所示,效果如图4-490所示。

02 确定"图层4"为当前图层,执行"滤镜>模糊>高斯模糊"菜单命令,打开"高斯模糊"对话框,然后设置"半径"为5像素,如图4-495所示,效果如图4-496所示。

图4-489

图4-490

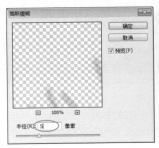
图4-495

图4-496

4.13.2 制作海底岩石效果

01 打开光盘中的"光盘>素材文件>CH04>岩石.jpg"文件,效果如图4-491所示。

图4-491

03 执行"滤镜>扭曲>波浪"菜单命令,打开"波浪"对话框,然后设置"生成器数"为1,接着设置波长"最大"为50、波幅"最小"为5、"最大"为5,具体参数设置如图4-497所示,效果如图4-498所示。

02 将"岩石"文件拖曳到"海底世界"操作界面中,将新生成的"图层3"拖曳到"图层1"的上一层,然后设置该图层的"不透明度"为25%,并为其添加一个图层蒙版,接着使用黑色画笔将"岩石"的多余部分隐藏掉,如图4-492所示,效果如图4-493所示。

图4-497

图4-492

图4-493

图4-498

04 执行"滤镜>模糊>动感模糊"菜单命令,打开"动感模糊"对话框,然后设置"角度"为-52度、"距离"为50像素,具体参数设置如图4-499所示,效果如图4-500所示。

图4-499　　　　　　　　图4-500

05 复制出一个新图层"图层4副本",然后按Ctrl+T组合键进入自由变换状态,将其旋转到如图4-501所示的角度。

图4-501

06 为"图层4副本"添加一个"色相/饱和度"调整图层,然后在"属性"面板中勾选"着色",接着设置"色相"为244、"饱和度"为65、"明度"为45,具体参数设置如图4-502所示,最后将其灌入"图层4副本",如图4-503所示,效果如图4-504所示。

图4-502　　　　　　　　图4-503

图4-504

4.13.4 制作海底光线效果

01 选择所有的图层,然后复制出这些图层的副本图层,并将这些副本图层合并为"图层2副本",如图4-505所示。

图4-505

02 执行"滤镜>渲染>镜头光晕"菜单命令,打开"镜头光晕"对话框,然后将光晕拖曳到左上方,接着设置"镜头类型"为35毫米聚焦,具体参数设置如图4-506所示,效果如图4-507所示。

图4-506　　　　　　　　图4-507

03 在最上层新建一个图层"图层5",然后使用"矩形选框工具" 绘制几个不等宽的矩形选区,接着用白色填充选区,效果如图4-508所示。

图4-508

04 确定"图层5"为当前图层,执行"滤镜>模糊>高斯模糊"菜单命令,打开"高斯模糊"对话框,然后设置"半径"为5像素,如图4-509所示,效果如图4-510所示。

图4-509　　　　　　　图4-510

05 执行"滤镜>模糊>动感模糊"菜单命令，打开"动感模糊"对话框，然后设置"角度"为90度、"距离"为300像素，如图4-511所示，效果如图4-512所示。

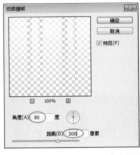
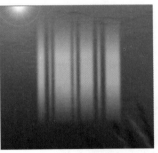

图4-511　　　　　　　图4-512

06 执行"编辑>自由变换"菜单命令，然后按住Ctrl+Alt+Shift组合键的同时将图像进行变形，如图4-513所示。

图4-513

07 设置"图层5"的"混合模式"为"柔光"、"不透明度"为50%，如图4-514所示，效果如图4-515所示。

图4-514　　　　　　　图4-515

08 执行"滤镜>模糊>高斯模糊"菜单命令，打开"高

斯模糊"对话框，然后设置"半径"为10像素，如图4-516所示，效果如图4-517所示。

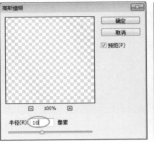

图4-516　　　　　　　图4-517

4.14 烟花

本例设计的烟花特效效果。
实例位置：光盘>实例文件>CH04>4.14.psd
难易指数：★★★☆☆
技术掌握：掌握烟花特效的设计思路与方法

4.14.1 制作烟花特效

01 启动Photoshop CS6，按Ctrl+N组合键新建一个"烟花"文件，具体参数设置如图4-518所示。

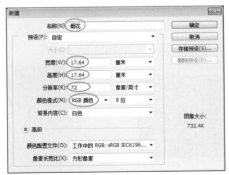

图4-518

02 用黑色填充"背景"图层，然后新建一个通道Alpha1，如图4-519所示，效果如图4-520所示。

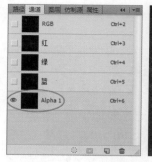

图4-519   图4-520

03 打开"画笔"面板，具体参数设置如图4-521所示，然后设置前景色为白色，接着在Alpha1通道中的偏右侧位置垂直拖曳光标，绘制出不规则的白色圆点，效果如图4-522所示。

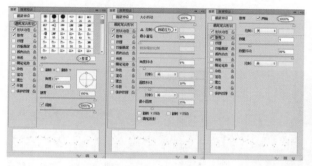

图4-521

图4-522

04 执行"滤镜>风格化>风"菜单命令，打开"风"对话框，然后设置"方法"为"风"、"方向"为"从右"，如图4-523所示，接着按若干次Ctrl+F组合键重复执行"风"命令，直到达到最佳效果，效果如图4-524所示。

图4-523   图4-524

05 选择通道Alpha1，然后执行"编辑>变换>旋转90度（顺时针）"菜单命令，如图4-525所示，接着复制出两个新通道"Alpha1副本"和"Alpha1副本2"，如图4-526所示。

图4-525   图4-526

06 选择通道Alpha1，然后执行"滤镜>扭曲>极坐标"菜单命令，打开"极坐标"对话框，然后选择"平面坐标到极坐标"方式，如图4-527所示，效果如图4-528所示。

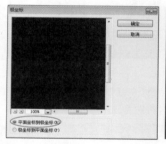

图4-527   图4-528

07 选择通道"Alpha1副本"，然后将其拖曳到绘图区域中的中间位置，如图4-529所示，接着按Ctrl+F组合键重复执行"极坐标"命令，效果如图4-530所示。

图4-529   图4-530

08 选择通道"Alpha1副本2"，然后将其拖曳到绘图区域的上部，如图4-531所示，接着按Ctrl+F组合键重复执行"极坐标"命令，效果如图4-532所示。

图4-531   图4-532

09 执行"滤镜>模糊>径向模糊"菜单命令,打开"径向模糊"对话框,然后设置"数量"为50、"模糊方法"为"缩放",具体参数设置如图4-533所示,效果如图4-534所示。

图4-533　　　　　　　　图4-534

10 按住Ctrl+Shift组合键的同时载入3个通道的选区,然后新建一个图层"图层1",接着用白色填充选区,效果如图4-535所示。

11 复制出一个新图层"图层1副本",然后按Ctrl+T组合键进入自由变换状态,接着按Shift键向左上方拖曳定界框右下角的角控制点,将其等比例缩小到如图4-536所示的大小,最后将"图层1"和"图层1副本"合并为"图层1"。

图4-535　　　　　　　　图4-536

4.14.2 烟花特效应用

01 打开光盘中的"光盘>素材文件>CH04>夜景.jpg"文件,效果如图4-537所示。

图4-537

02 将"烟花"文件中的"图层1"拖曳到"夜景"操作界面中,然后"编辑>自由变换"菜单命令,接着单击选项栏中的"在自由变换和变形模式之间切换"按钮 ,将图像按照如图4-538所示进行变形。

图4-538

03 确定"图层1"为当前图层,执行"图层>图层样式>外发光"菜单命令,打开"图层样式"对话框,然后设置发光颜色为(R:239,G:3,B:5),具体参数设置如图4-539所示,效果如图4-540所示。

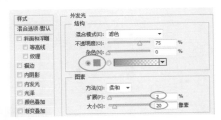

图4-539

图4-540

04 复制出一个新图层"图层1副本",然后将其缩小到如图4-541所示的大小。

图4-541

05 再复制出一个新图层"图层1副本2"，然后调整好大小，接着将发光颜色更改为（R:70，G:71，B:223），如图4-542所示，最终效果如图4-543所示。

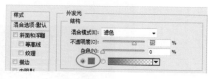

图4-542

图4-543

4.15.1 绘制墨迹效果

01 启动Photoshop CS6，按Ctrl+N组合键新建一个"水墨与水墨画"文件，具体参数设置如图4-544所示。

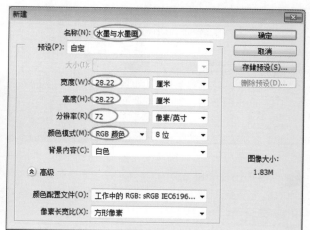

图4-544

02 新建一个图层"图层1"，然后设置前景色为（R:129，G:129，B:129），接着选择"画笔工具" ，并在选项栏中设置画笔样式为"粗边圆形钢笔"、"大小"为100像素、"不透明度"和"流量"为80%，如图4-545所示，最后在绘图区域的顶部绘制出如图4-546所示的效果。

图4-545

4.15 水墨

本例设计的水墨特效效果。
实例位置：光盘>实例文件>CH04>4.15.psd
难易指数：★★★☆☆
技术掌握：掌握水墨特效的设计思路与方法

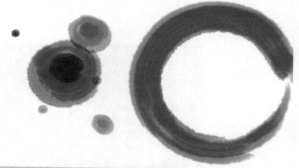

图4-546

03 继续使用"画笔工具" 在绘图区域中添加墨迹效果，如图4-547所示，然后使用黑色画笔将上部绘制成如图4-548所示的效果。

图4-547　　　　　　　　　图4-548

04 执行"滤镜>其他>位移"菜单命令，打开"位移"对话框，然后设置"水平"为400像素位移、"垂直"为-1600像素下移，具体参数设置如图4-549所示，效果如图4-550所示。

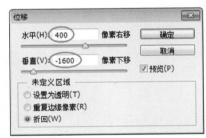

图4-549

图4-550

05 继续使用"画笔工具"  将位移处绘制成如图4-551所示的效果。

图4-551

专家点拨

处理衔接处的目的是为在后面使用"极坐标"滤镜时不会出现生硬的效果。

4.15.2 制作墨点效果

01 确定"图层1"为当前图层，执行"滤镜>扭曲>极坐标"菜单命令，打开"极坐标"对话框，然后选择"平面坐标到极坐标"方式，如图4-552所示，效果如图4-553所示。

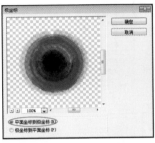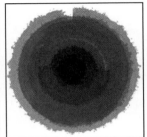

图4-552　　　　　　　　　图4-553

02 复制出两个新图层"图层1副本"和"图层1副本2"，然后将其按照如图4-554和图4-555所示的进行变形，接着采用相同的方法再添加一些墨点效果。

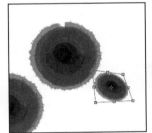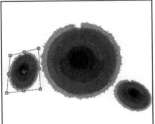

图4-554　　　　　　　　　图4-555

专家点拨

若复制出来的图形产生了重叠效果，可将该图层的"混合模式"设置为"正片叠底"，使其更好地与下面的图层融合在一起，如图4-556所示。

若某些图层的"不透明度"过高，可适当降低该图层的"不透明度"，形成自然的效果，如图4-557所示。

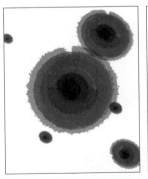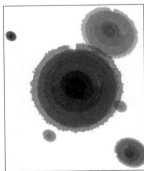

图4-556　　　　　　　　　图4-557

03 首先选最大墨点的图层，然后执行"滤镜>模糊>径向模糊"菜单命令，打开"径向模糊"对话框，接着设置"模糊方法"为"缩放",具体参数设置如图4-558所示,效果如图4-559所示,最后按Ctrl+F组合键对其他的墨点图层重复执行"径向模糊"命令,效果如图4-560所示。

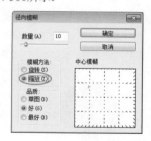

图4-558

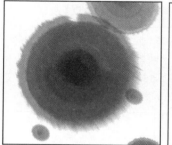

图4-559

图4-560

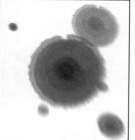

专家点拨

由于墨点的大小不同,在执行相同参数的"径向模糊"滤镜命令时,某些墨点的效果会过于突出,此时可以执行"编辑>渐隐"菜单命令来消退一些效果,如图4-561所示。

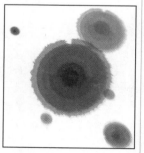

图4-561

4.15.3 制作环形效果

01 在最上层新建一个图层"图层2",然后使用黑色画笔绘制出如图4-562所示的效果。

图4-562

02 执行"滤镜>扭曲>极坐标"菜单命令,打开"极坐标"对话框,然后选择"平面坐标到极坐标"方式,如图4-563所示,效果如图4-564所示。

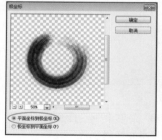

图4-563

图4-564

03 按Ctrl+T组合键进入自由变换状态,然后将图像顺时针旋转90°,效果如图4-565所示。

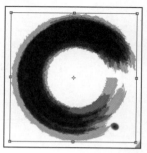

图4-565

04 执行"滤镜>模糊>径向模糊"菜单命令,打开"径向模糊"对话框,然后设置"数量"为5,具体参数设置如图4-566所示,效果如图4-567所示。

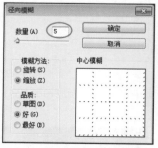

图4-566

图4-567

05 执行"编辑>渐隐"菜单命令,并在弹出的"渐隐"对话框中设置"不透明度"为65%,如图4-568所示,效果如图4-569所示。

图4-568

图4-569

4.15.4 制作水墨画效果

01 打开光盘中的"光盘>素
材文件>CH04>鼎.jpg"文件,
效果如图4-570所示。

图4-570

02 将"鼎"文件拖曳到"水墨"操作界面中,并将新生成
的图层拖曳到"图层2"的上一层,然后"图层>图层样式>
投影"菜单命令,打开"图层样式"对话框,接着设置"距
离"为29像素、"扩展"为26%、"大小"为29像素,具体参数
设置如图4-571所示,效果如图4-572所示。

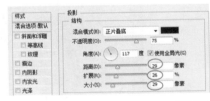

图4-571

图4-572

03 打开光盘中的"光盘>素材文件>CH04>书.jpg"文
件,效果如图4-573所示,然后将其拖曳到"水墨"操作
界面中,再为其添加相关的文字信息,完成"水墨画"
效果的制作,最终效果如图4-574所示。

图4-573　　　　　　　　　　　　　　图4-574

4.16 课后练习1: 破旧砖墙

本例设计的破旧砖墙特效效果。

实例位置: 光盘>实例文件>CH04>4.16.psd
难易指数: ★★★☆☆
技术掌握: 掌握破旧砖墙特效的设计思路与方法

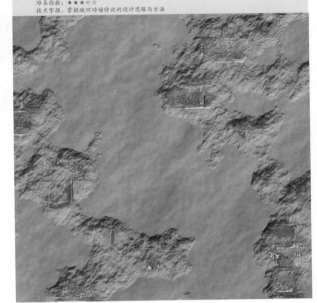

步骤分解如图4-575所示。

制作纹理质感　　　　表现砖墙特效　　　　调整砖墙色调

图4-575

4.17 课后练习2：丝绸

本例设计的丝绸特效效果。

实例位置：光盘>实例文件>CH04>4.17.psd
难易指数：★★★☆☆
技术掌握：掌握丝绸特效的设计思路与方法

步骤分解如图4-576所示。

制作丝绸质感

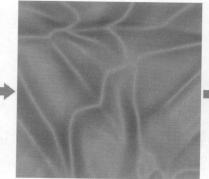

调整丝绸色彩

制作手镯立体感和添加花纹

图4-576

4.18 课后练习3：火焰与火焰文字

本例设计的火焰与火焰文字特效效果。

实例位置：光盘>实例文件>CH04>4.18.psd
难易指数：★★★☆☆
技术掌握：掌握火焰与火焰文字特效的设计思路与方法

步骤分解如图4-577所示。

制作火焰特效　　　　　　　　添加文字信息　　　　　　　　完善画面效果

图4-577

4.19　本章小结

　　本章主要使用图层样式、滤镜等工具来表现物体的特有质感，在表现质感时，必须要考虑到物体自身拥有的物理特点，例如，不透明度、光滑度、反射光线和折射光线等，同一物体在不同的背景中的效果是不同的，这就需要对物体的质感有深刻的了解，这样才能表现出真实的效果，另外还要注重培养用户自身的制作能力，希望用户通过本书能对质感有较深的理解，能够举一反三，通过相同案例的制作技术制作出其他质感效果。

PHOTOSHOP

设计实例　　专家点拨技术专题

第5章
抽象与创意特效

✔ 本章导读

　　本章从基本图像入手，细致地讲解了如何利用Photoshop调整出各种奇特的艺术效果。本章实例主要运用了一些简单的滤镜功能，如"云彩"、"添加杂色"、"高斯模糊"等，另外，运用了各种选取工具，以及"色相/饱和度"、"曲线"、"色阶"等调整图层。

Learning Objectives

 各种滤镜的使用方法和技巧

 自由变换的高级运用方法和技巧

 选区的高级运用方法和技巧

5.1 激光辐射特效

本例设计的激光辐射特效效果。

实例位置：光盘>实例文件>CH05>5.1.psd
难易指数：★★☆☆☆
技术掌握：掌握激光辐射特效的设计思路与方法

5.1.1 制作激光特效

01 启动Photoshop CS6，按Ctrl+N组合键新建一个"激光辐射特效"文件，具体参数设置如图5-1所示。

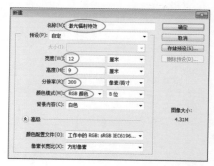

图5-1

02 设置前景色（R:27，G:27，B:50），然后按Alt+Delete组合键用前景色填充"背景"图层，效果如图5-2所示。

图5-2

03 新建一个"图层1",然后使用"矩形选框工具" <small>▭</small> 在绘图区域绘制一个合适的矩形选区,接着使用白色填充选区,完成后按Ctrl+D组合键取消选区,效果如图5-3所示。

图5-3

04 执行"图像>图像旋转>90度(顺时针)"菜单命令,如图5-4所示。

图5-4

05 确定"图层1"为当前图层,执行"滤镜>扭曲>波纹"菜单命令,打开"波纹"对话框,然后设置"数量"为180%、"大小"为"大",如图5-5所示,效果如图5-6所示。

图5-5

图5-6

06 执行"滤镜>像素化>碎片"菜单命令,如图5-7所示,然后为该图层添加一个系统预设的"风"滤镜,如图5-8所示,接着按Ctrl+F组合键重复执行一次,效果如图5-9所示。

图5-7

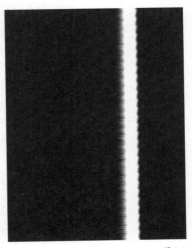

图5-8

167

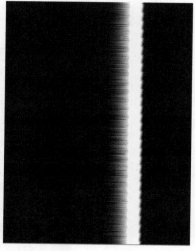

图5-9

图5-12

07 确定"图层1"为当前图层，执行"滤镜>风格化>风"菜单命令，打开"风"对话框，然后设置"方向"为"从左"，如图5-10所示，效果如图5-11所示。

09 执行"图像>图像旋转>90度（逆时针）"菜单命令，如图5-13所示，然后执行"滤镜>模糊>动感模糊"菜单命令，打开"动感模糊"对话框，接着设置"距离"为30像素，如图5-14所示，效果如图5-15所示。

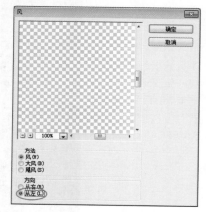

图5-10

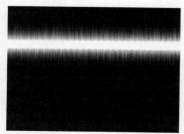

图5-13

图5-11

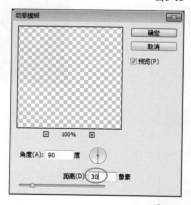

图5-14

08 按Ctrl+F组合键重复执行一次，效果如图5-12所示。

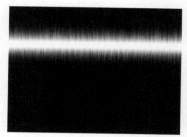

图5-15

10 为该图层添加一个系统预设的"极坐标"滤镜，效果如图5-16所示，然后设置该图层的"混合模式"为"颜色减淡"、"填充"为85%，如图5-17所示，效果如图5-18所示。

图5-16

图5-17

图5-18

11 按Ctrl+J组合键复制一个副本图层，然后设置该图层的"填充"为75%，如图5-19所示，效果如图5-20所示。

图5-19

图5-20

12 按Ctrl+T组合键进入自由变换状态，然后按Shift+Alt组合键向左上方拖曳定界框右下角的角控制点，将其等比例缩小到如图5-21所示。

图5-21

13 选择"图层1"图层，然后按Ctrl+J组合键复制一个"图层1副本2"图层，接着将该图层移动到最顶层，最后设置该图层的"填充"为100%，如图5-22所示，效果如图5-23所示。

图5-22

图5-23

⑭ 按Ctrl+T组合键进入自由变换状态，然后按Shift+Alt组合键向左上方拖曳定界框右下角的角控制点，将其等比例缩小到如图5-24所示。

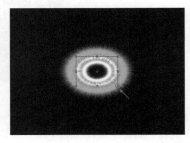

图5-24

5.1.2 制作明暗光源

⓪① 在"图层1副本"图层的上方新建一个"图层2"，然后使用黑色填充图层，接着执行"滤镜>渲染>镜头光晕"菜单命令，打开"镜头光晕"对话框，并将光点拖曳到中心位置，如图5-25所示，效果如图5-26所示。

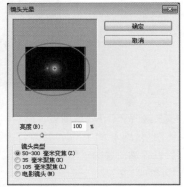

图5-25

图5-26

⓪② 设置该图层的"混合模式"为"颜色减淡"，如图5-27所示，效果如图5-28所示。

图5-27

图5-28

⓪③ 执行"图像>调整>色相/饱和度"菜单命令，然后在弹出的"色相/饱和度"对话框中设置"色相"为-170、"饱和度"为30，具体参数设置如图5-29所示，效果如图5-30所示。

图5-29

图5-30

⓪④ 在"图层1副本"图层的上方新建一个"图层3"，然后设置前景色为黑色、背景色为白色，接着执行"滤镜>渲染>云彩"菜单命令，效果如图5-31所示。

图5-31

⓪⑤ 执行"滤镜>扭曲>挤压"菜单命令，然后在弹出的"挤压"对话框中设置"数量"为100%，具体参数设置如图5-32所示，效果如图5-33所示。

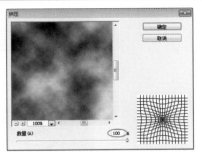

图5-32

图5-33

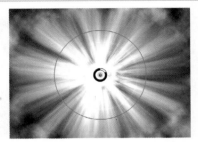

图5-36

5.1.3 添加质感和色彩

01 执行"滤镜>滤镜库"菜单命令，打开"滤镜库"对话框，然后在"素描"滤镜组下选择"铬黄渐变"滤镜，接着设置"细节"为8，如图5-37所示，图像效果如图5-38所示。

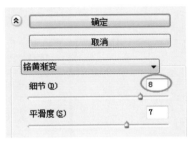

图5-37

06 确定当前图层为"图层3"，按Ctrl+F组合键重复执行两次该滤镜，效果如图5-34所示。

图5-34

07 执行"滤镜>渲染>光照效果"菜单命令，然后在弹出的"光照效果"对话框中设置"光照类型"为"点光"、"强度"为34、"曝光度"为14、"光泽"为14、"金属质感"为14、"环境"为6，具体参数设置如图5-35所示，效果如图5-36所示。

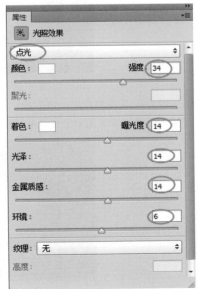

图5-35

图5-38

02 设置"图层3"的"混合模式"为"颜色减淡"、"填充"为80%，如图5-39所示，效果如图5-40所示。

图5-39

171

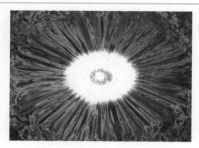

图5-40

03 在"图层1副本2"图层的上方新建一个"图层4"，然后打开"渐变编辑器"对话框，接着选择系统预设的"透明彩虹渐变"，如图5-41所示，最后从中心向边缘为该图层填充使用径向渐变色，效果如图5-42所示。

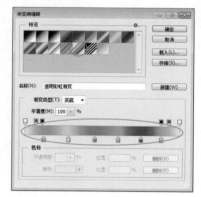

图5-41

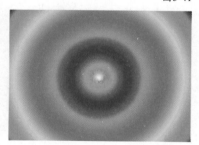

图5-42

04 设置该图层的"混合模式"为"颜色"，如图5-43所示，效果如图5-44所示。

图5-43

图5-44

05 执行"滤镜>模糊>径向模糊"菜单命令，然后在弹出的"径向模糊"对话框中设置"数量"为8、"模糊方法"为"缩放"、"品质"为"最好"，具体参数设置如图5-45所示，效果如图5-46所示。

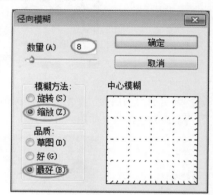

图5-45

图5-46

06 设置前景色为白色，然后使用"横排文字工具" T 在版面中输入相关文字信息，最终效果如图5-47所示。

图5-47

5.2 立体晶格特效

本例设计的立体晶格特效效果。

实例位置：光盘>实例文件>CH05>5.2.psd
难易指数：★★☆☆☆
技术掌握：掌握立体晶格特效的设计思路与方法

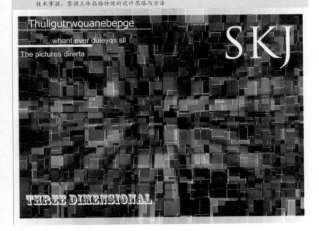

5.2.1 制作晶格效果

01 启动Photoshop CS6，按Ctrl+N组合键新建一个"立体晶格特效"文件，具体参数设置如图5-48所示。

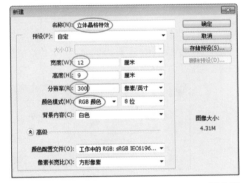

图5-48

02 按D键还原前景色和背景色，然后新建一个"图层1"，接着执行"滤镜>渲染>云彩"菜单命令，最后按Ctrl+F组合键执行多次该命令，效果如图5-49所示。

图5-49

03 执行"图像>调整>色阶"菜单命令，然后在弹出的"色阶"对话框中设置"输入色阶"为（50，1.00，219），具体参数设置如图5-50所示，效果如图5-51所示。

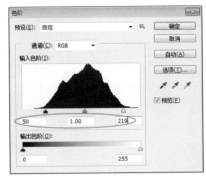

图5-50

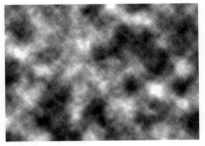

图5-51

04 执行"滤镜>像素化>马赛克"菜单命令，然后在弹出的"马赛克"对话框中设置"单元格大小"为85方形，具体参数设置如图5-52所示，效果如图5-53所示。

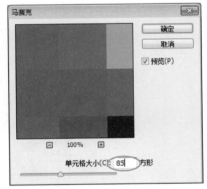

图5-52

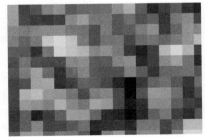

图5-53

173

专家点拨

　　"马赛克"使像素结为方形块。给定块中的像素颜色相同，块颜色代表选区中的颜色。

05 执行"图像>调整>色相/饱和度"菜单命令，然后在弹出的"色相/饱和度"对话框中设置"色相"为190、"饱和度"为25、"明度"为4，具体参数设置如图5-54所示，效果如图5-55所示。

图5-54

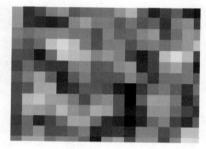

图5-55

06 按Ctrl+J组合键复制一个副本图层，并暂时隐藏副本图层，如图5-56所示。

图5-56

07 选择"图层1"图层，然后执行"滤镜>扭曲>波浪"菜单命令，接着在弹出的"波浪"对话框中设置"生成器数"为5、波长"最小"为132、波长"最大"为393、波幅"最小"为1、波幅"最大"为71、"类型"为"方形"，具体参数设置如图5-57所示，效果如图5-58所示。

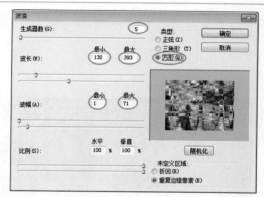

图5-57

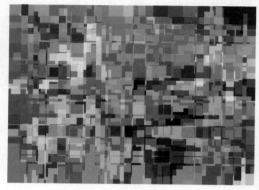

图5-58

08 执行"编辑>渐隐波浪"菜单命令，然后在弹出的"渐隐"对话框中设置"模式"为"差值"，如图5-59所示，效果如图5-60所示。

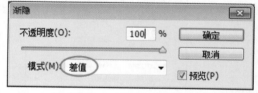

图5-59

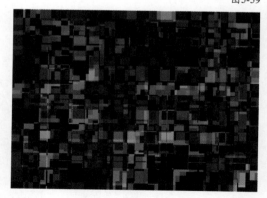

图5-60

09 显示并选择"图层1副本"图层，然后执行"滤镜>风格化>查找边缘"菜单命令，效果如图5-61所示。

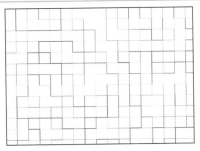

图5-61

"查找边缘"滤镜无对话框，它是将高反差区变亮，低反差区变暗；硬边变为线条，而柔边变粗，形成一个清晰的轮廓线。

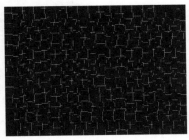

11 确定当前图层为"图层1副本"，再次执行"滤镜>扭曲>波浪"菜单命令，效果如图5-65所示。

图5-65

10 执行"图像>调整>反向"菜单命令，效果如图5-62所示，然后按Ctrl+L组合键打开"色阶"对话框，接着设置"输入色阶"为（0，1.00，44），具体参数设置如图5-63所示，效果如图5-64所示。

12 设置"图层1副本"图层的"混合模式"为"颜色减淡"、"不透明度"为30%，如图5-66所示，效果如图5-67所示。

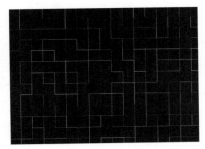

图5-62

图5-66

图5-67

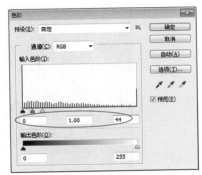

图5-63

13 按Ctrl+J组合键复制一个"图层1副本2"图层，然后设置该图层的"混合模式"为"线性减淡（添加）"、"不透明度"为40%，如图5-68所示，效果如图5-69所示。

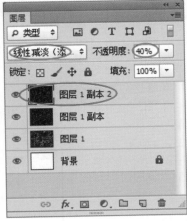

图5-68

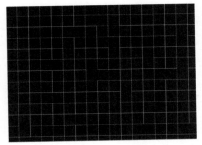

图5-64

图5-69

图5-73

14 执行"滤镜>模糊>径向模糊"菜单命令，然后在弹出的"径向模糊"对话框中设置"数量"为55、"品质"为"好"，具体参数设置如图5-70所示，效果如图5-71所示。

16 执行"图像>调整>色阶"菜单命令或按Ctrl+L组合键打开"色阶"对话框，然后设置"输入色阶"为（0，1.00，97），具体参数设置如图5-74所示，效果如图5-75所示。

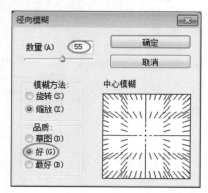

图5-70

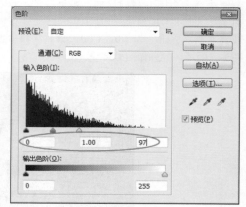

图5-74

图5-71

15 选择"图层1"图层，然后按Ctrl+J组合键复制一个"图层1副本3"图层，接着设置该图层的"混合模式"为"差值"、"不透明度"为20%，如图5-72所示，效果如图5-73所示。

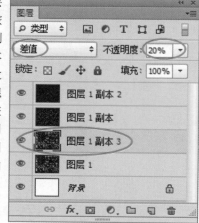

图5-72

图5-75

5.2.2 制作虚实效果

01 执行"滤镜>模糊>径向模糊"菜单命令，然后在弹出的"径向模糊"对话框中设置"数量"为65、"品质"为"最好"，具体参数设置如图5-76所示，效果如图5-77所示。

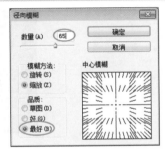

图5-76

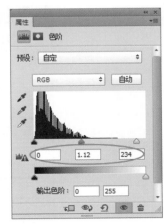

图5-80

03 选择"图层1副本2"图层，然后在"图层"面板下方单击"创建新的填充或调整图层"按钮 ，在弹出的菜单中选择"色阶"命令，接着在"属性"面板中设置"输入色阶"为（0，1.12，234），具体参数设置如图5-80所示，最后设置该调整图层的"混合模式"为"变亮"，如图5-81所示，效果如图5-82所示。

图5-77

02 选择"图层1副本"图层，然后按Ctrl+J组合键复制一个"图层1副本4"图层，接着设置该图层的"不透明度"为40%，如图5-78所示，效果如图5-79所示。

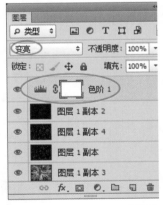

图5-81

图5-78

图5-79

图5-82

04 选择"图层1副本2"图层，然后在"图层"面板下方单击"创建新的填充或调整图层"按钮 ，在弹出的菜单中选择"色相/饱和度"命令，接着在"属性"面板中设置"色相"为180、"饱和度"为64，具体参数设置如图5-83所示，最后将调整图层灌入"图层1副本2"，如图5-84所示，效果如图5-85所示。

图 5-83

图 5-84

图 5-85

05 新建一个图层，然后使用"矩形选框工具" 绘制一个如图5-86所示的矩形选区。

图 5-86

06 执行"选择>反向"菜单命令，然后使用白色填充选区，完成后按Ctrl+D组合键取消选区，效果如图5-87所示。

07 使用"横排文字工具" 在版面中输入相关文字信息，最终效果如图5-88所示。

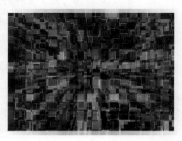

图 5-87

图 5-88

5.3 液态玻璃特效

本例设计的液态玻璃特效效果。

实例位置：光盘>实例文件>CH05>5.3.psd
难易指数：★★☆☆☆
技术掌握：掌握液态玻璃特效的设计思路与方法

5.3.1 制作玻璃质感

01 启动Photoshop CS6，按Ctrl+N组合键新建一个"液态玻璃特效"文件，具体参数设置如图5-89所示。

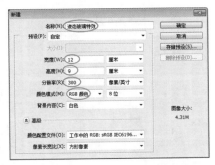

图5-89

02 按D键还原前景色和背景色，然后执行"滤镜>渲染>分层云彩"菜单命令，接着按Ctrl+F组合键重复执行一次，效果如图5-90所示。

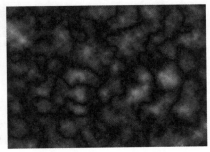

图5-90

03 执行"滤镜>滤镜库"菜单命令，打开"滤镜库"对话框，然后在"艺术效果"滤镜组下选择"干画笔"滤镜，接着设置"纹理"为2，如图5-91所示，图像效果如图5-92所示。

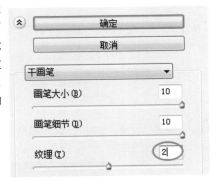

图5-91

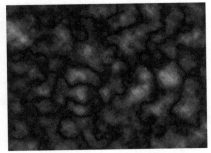

图5-92

04 执行"滤镜>扭曲>极坐标"菜单命令，然后在弹出

的"极坐标"对话框中选择"平面坐标到极坐标"，如图5-93所示，效果如图5-94所示。

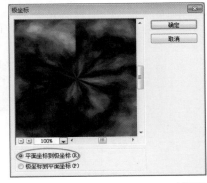

图5-93

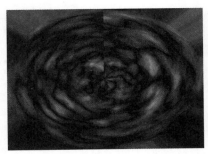

图5-94

05 执行"滤镜>扭曲>波浪"菜单命令，然后在弹出的"波浪"对话框中设置"生成器数"为999、波长"最小"为378、波长"最大"为626、波幅"最大"为2、"类型"为"正弦"，具体参数设置如图5-95所示，效果如图5-96所示。

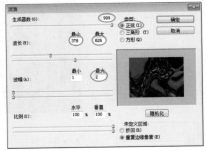

图5-95

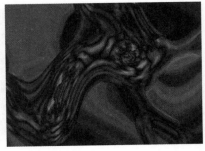

图5-96

06 按Ctrl+F组合键重复执行一次，效果如图5-97所示。

图5-97

5.3.2 调整画面色调

01 在"图层"面板下方单击"创建新的填充或调整图层"按钮 🔘，在弹出的菜单中选择"色相/饱和度"命令，然后在"属性"面板中勾选"着色"，接着设置"色相"为177、"饱和度"为88，具体参数设置如图5-98所示，效果如图5-99所示。

图5-98

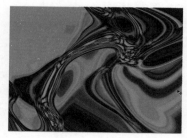

图5-99

02 设置前景色为白色，然后使用"横排文字工具" T. 在版面中输入相关文字信息，最终效果如图5-100所示。

图5-100

5.4 立体管道特效

本例设计的立体管道特效效果。
实例位置：光盘>实例文件>CH05>5.4.psd
难易指数：★★☆☆☆
技术掌握：掌握立体管道特效的设计思路与方法

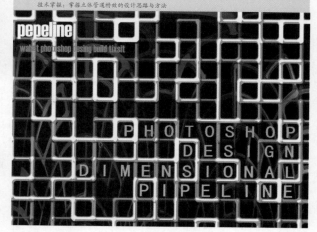

5.4.1 制作立体管道

01 启动Photoshop CS6，按Ctrl+N组合键新建一个"立体管道特效"文件，具体参数设置如图5-101所示。

图5-101

02 按D键还原前景色和背景色，然后按Alt+Delete组合键用前景色填充"背景"图层，效果如图5-102所示。

图5-102

03 执行"滤镜>杂色>添加杂色"菜单命令，然后在弹出的"添加杂色"对话框中勾选"单色"，接着设置"数量"为146%、"分布"为"高斯分布"，具体参数设置如图5-103所示，效果如图5-104所示。

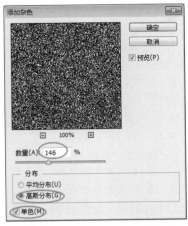

图5-103

图5-104

04 执行"滤镜>模糊>高斯模糊"菜单命令，然后在弹出的"高斯模糊"对话框中设置"半径"为5.1像素，具体参数设置如图5-105所示，效果如图5-106所示。

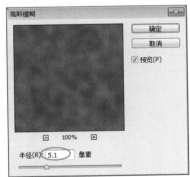

图5-105

图5-106

05 执行"图像>调整>色阶"菜单命令，然后在弹出的"色阶"对话框中设置"输入色阶"为（89，1.16，120），具体参

数设置如图5-107所示，效果如图5-108所示。

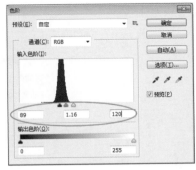

图5-107

图5-108

06 执行"滤镜>像素化>马赛克"菜单命令，然后在弹出的"马赛克"对话框中设置"单元格大小"为65方形，具体参数设置如图5-109所示，效果如图5-110所示。

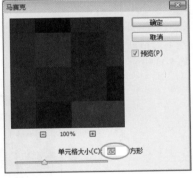

图5-109

图5-110

07 执行"滤镜>滤镜库"菜单命令，打开"滤镜库"对话框，然后在"风格化"滤镜组下选择"照亮边缘"滤镜，接着设置"边缘宽度"为12、"边缘亮度"为16、

181

"平滑度"为15，具体参数设置如图5-111所示，图像效果如图5-112所示。

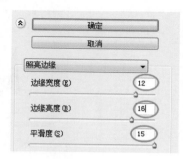

图5-111

图5-112

"照亮边缘"滤镜查找图像的边缘，并向其添加类似霓虹灯的光亮，可重复使用。

08 按Ctrl+J组合键复制一个"图层1"，然后执行"滤镜>模糊>高斯模糊"菜单命令，然后在弹出的"高斯模糊"对话框中设置"半径"为2.5像素，具体参数设置如图5-113所示，效果如图5-114所示。

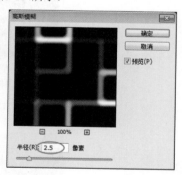

图5-113

图5-114

09 执行"滤镜>渲染>光照效果"菜单命令，然后在弹出的"光照效果"对话框中设置"纹理"为"红"，接着"光照类型"为"聚光灯"、"强度"为76、"聚光"为84、"光泽"为-79、"金属质感"为78、"环境"为11、"高度"为20，具体参数设置如图5-115所示，效果如图5-116所示。

图5-115

图5-116

10 按Ctrl+J组合键复制一个"图层1"，然后设置该图层的"混合模式"为"滤色"，如图5-117所示，接着按Ctrl+Alt+Shift+E组合键盖印可见图层，得到"图层2"图层。

图5-117

11 确定当前图层为"图层2"，使用"矩形选框工具" 在绘图区域绘制一个合适的矩形选区，然后按Ctrl+T组合键进入自由变换状态，将选区内的图像放大到如图5-118所示的大小。

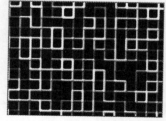

图5-118

5.4.2 添加色彩效果

01 按Ctrl+J组合键复制一个"图层2副本"图层，然后选择"图层2"，并使用黑色填充该图层，如图5-119所示。

图5-119

02 选择"图层2副本"图层，然后执行"图像>调整>渐变映射"菜单命令，打开"渐变映射"对话框，接着单击"点按可编辑渐变"按钮，如图5-120所示。

图5-120

03 打开"渐变编辑器"对话框，然后设置第1个色标的颜色为黑色、第2个色标的颜色为（R:41，G:10，B:89）、第3个色标的颜色为（R:65，G:137，B:206）、第4个色标的颜色为（R:65，G:83，B:226）、第5个色标的颜色为白色，如图5-121和图5-122所示，效果如图5-123所示。

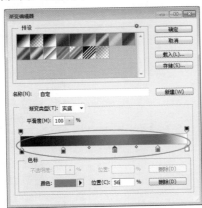

图5-121

图5-122

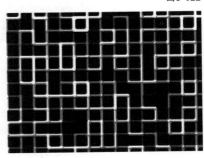

图5-123

04 使用"横排文字工具" T.在版面中输入相关文字信息，然后执行"图层>栅格化>文字"菜单命令，将文本图层转化为普通图层，效果如图5-124所示。

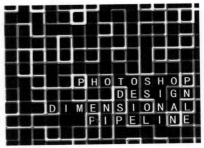

图5-124

05 按Ctrl键载入文字选区，然后打开"渐变编辑器"对话框，接着设置第1个色标的颜色为（R:225，G:220，B:0）、第2个色标的颜色为（R:146，G:249，B:11）、第3个色标的颜色为（R:225，G:220，B:0），如图5-125所示，最后从上向下为选区填充使用对称渐变色，效果如图5-126所示。

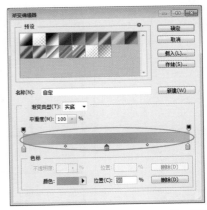

图5-125

图5-126

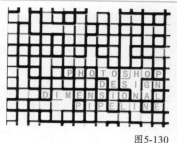

图5-130

06 选择"图层2副本"图层，然后按Ctrl+J组合键复制一个"图层2副本2"图层，接着执行"图像>调整>反向"菜单命令，效果如图5-127所示。

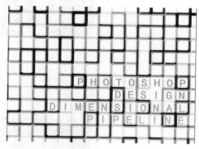

图5-127

07 确定当前图层为"图层2副本2"，执行"图像>调整>去色"菜单命令，效果如图5-128所示。

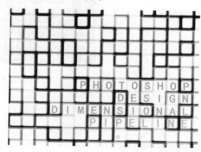

图5-128

08 执行"图像>调整>色阶"菜单命令，然后在弹出的"色阶"对话框中设置"输入色阶"为（50，0.13，238），具体参数设置如图5-129所示，效果如图5-130所示。

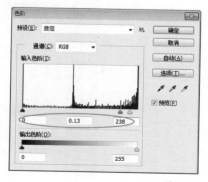

图5-129

09 选择"图层2副本"图层，然后将其移动到最顶层，接着设置该图层的"混合模式"为"滤色"，如图5-131所示，效果如图5-132所示。

图5-131

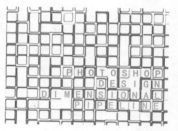

图5-132

10 选择"图层2副本2"图层，然后将其移动到文字图层上方，接着设置该图层的"混合模式"为"正片叠底"，如图5-133所示，效果如图5-134所示。

图5-133

图5-134

更改图层顺序和图层混合模式是为了制作管道的阴影效果，让在管道之间显示出的文字，在管道阴影下使图像更加逼真。

11 选择"图层2副本"图层，然后按Ctrl+J组合键复制一个"图层2副本3"图层，接着设置该图层的"混合模式"为"正常"、"填充"为50%，如图5-135所示，效果如图5-136所示。

图5-135

图5-136

12 执行"滤镜>滤镜库"菜单命令，打开"滤镜库"对话框，然后在"艺术效果"滤镜组下选择"干画笔"滤镜，接着设置"画笔大小"为2、"画笔细节"为8、"纹理"为2，具体参数设置如图5-137所示，图像效果如图5-138所示。

图5-137

图5-138

5.4.3 合成管道特效

01 确定当前图层为"图层2副本3"，然后将其移动到"图层2"上方，如图5-139所示，效果如图5-140所示。

图5-139

图5-140

02 执行"滤镜>扭曲>极坐标"菜单命令，然后在弹出的"极坐标"对话框中选择"极坐标到平面坐标"，如图5-141所示，效果如图5-142所示。

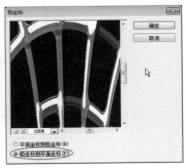

图5-141

图5-142

03 执行"图像>调整>色阶"菜单命令，然后在弹出的"色阶"对话框中设置"输入色阶"为（85，0.23，229），具体参数设置如图5-143所示，接着设置该图层的"填充"为80%，如图5-144所示，效果如图5-145所示。

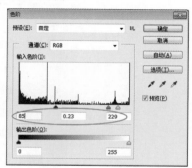

图5-143

图5-144

图5-145

04 在"图层"面板下方单击"创建新的填充或调整图层"

按钮 ，然后为其添加一个"色彩平衡"调整图层，具体参数设置如图5-146所示，效果如图5-147所示。

图5-146

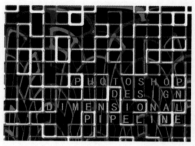

图5-147

05 在"图层"面板下方单击"创建新的填充或调整图层"按钮 ，然后为其添加一个"色彩平衡"调整图层，具体参数设置如图5-148所示，效果如图5-149所示。

图5-148

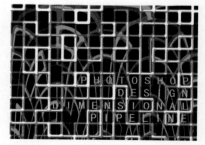

图5-149

06 继续为其添加一个"色彩平衡"调整图层，具体参数设置如图5-150所示，效果如图5-151所示。

图5-150

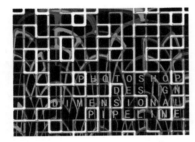

图5-151

07 选择"图层2副本3"图层,然后在"图层"面板下方单击"添加图层蒙版"按钮 ▣ ,为该图层添加一个图层蒙版,接着使用黑色画笔在图像中涂抹,如图5-152所示,此时的蒙版效果如图5-153所示。

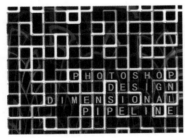

图5-152

图5-153

08 使用"横排文字工具" T.在版面中输入相关文字信息,最终效果如图5-154所示。

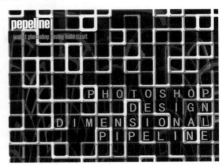

图5-154

5.5 迷幻深邃洞穴

本例设计的迷幻深邃洞穴效果。
实例位置:光盘>实例文件>CH05>5.5.psd
难易指数:★★☆☆☆
技术掌握:掌握迷幻深邃洞穴的设计思路与方法

5.5.1 制作基本形状

01 启动Photoshop CS6,按Ctrl+N组合键新建一个"迷幻深邃洞穴"文件,具体参数设置如图5-155所示。

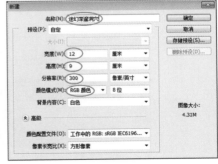

图5-155

02 新建一个"图层1",然后设置前景色为白色、背景色为黑色,接着使用黑色填充该图层,如图5-156所示。

图5-156

03 选择"画笔工具" ✏️，然后在选项栏中选择一种柔边笔刷，并设置"不透明度"为70%，如图5-157所示，接着在图像中绘制圆点，效果如图5-158所示。

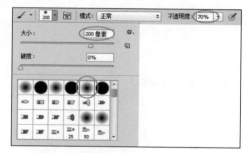

图5-157

图5-158

04 按Ctrl+T组合键进入自由变换状态，然后将选区内的图像放大到如图5-159所示的大小。

图5-159

05 新建一个"图层2"，然后执行"滤镜>渲染>云彩"菜单命令，效果如图5-160所示。

图5-160

06 设置该图层的"混合模式"为"线性光"、"不透明度"为48%，如图5-161所示，效果如图5-162所示。

图5-161

图5-162

5.5.2 制作粗糙质感

01 按Ctrl+Alt+Shift+E组合键盖印可见图层，得到"图层3"，然后执行"滤镜>像素化>晶格化"菜单命令，接着在弹出的"晶格化"对话框中设置"单元格大小"为55，具体参数设置如图5-163所示，效果如图5-164所示。

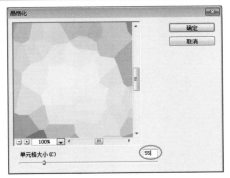

图5-163

图5-164

"中间值"滤镜是通过混合选区中像素的亮度来减少图像的杂色。"中间值"滤镜搜索像素选区的半径范围以查找亮度相近的像素,扔掉与相邻像素差异太大的像素,并用搜索到的像素的中间亮度值替换中心像素。使用"中间值"滤镜后,此时图像中的颗粒凝结成一个整体,制作出高低不等的阶梯形状。

03 按Ctrl+J组合键复制一个"图层3副本"图层,然后将其暂时隐藏,接着选择"图层3",如图5-167所示。

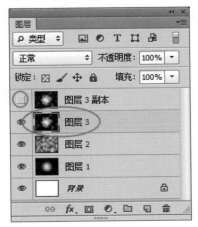

图5-167

02 执行"滤镜>杂色>中间值"菜单命令,然后在弹出的"中间值"对话框中设置"半径"为25,具体参数设置如图5-165所示,效果如图5-166所示。

04 执行"滤镜>渲染>光照效果"菜单命令,然后在弹出的"光照效果"对话框中设置"纹理"为"红",接着设置"光照类型"为"聚光灯"、"强度"为25、"聚光"为70、"金属质感"为69、"环境"为8、"高度"为10,具体参数设置如图5-168所示,效果如图5-169所示。

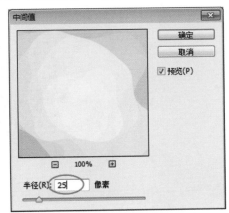

图5-165

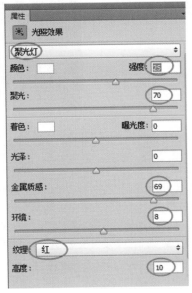

图5-168

图5-166

189

图5-169

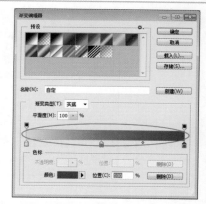

图5-172

05 显示并选择"图层3副本"图层,然后执行"滤镜>锐化>USM锐化"菜单命令,接着在弹出的"USM锐化"对话框中设置"数量"为479%、"半径"为10像素,具体参数设置如图5-170所示,效果如图5-171所示。

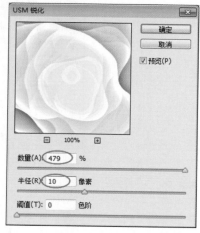

图5-170

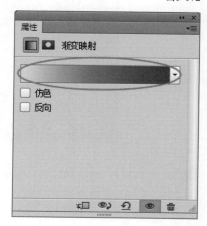

图5-173

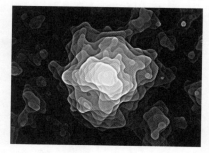

图5-171

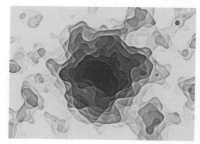

图5-174

5.5.3 调节画面颜色

01 在"图层"面板下方单击"创建新的填充或调整图层"按钮 ,在弹出的菜单中选择"渐变映射"命令,然后在"属性"面板中单击"点按可编辑渐变"按钮,打开"渐变编辑器"对话框,接着设置第1个色标的颜色(R:247,G:232,B:185)、第2个色标的颜色为(R:187,G:121,B:7)、第3个色标的颜色为(R:115,G:71,B:2),如图5-172和图5-173所示,效果如图5-174所示。

02 新建一个图层,然后设置前景色为(R:156,G:92,B:0),接着使用"矩形选框工具" 绘制一个合适的矩形选区,最后按Alt+Delete组合键用前景色填充选区,效果如图5-175所示。

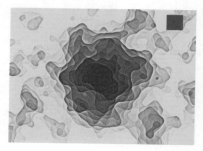

图5-175

03 按Ctrl+T组合键进入自由变换状态，然后将图像旋转到如图5-176所示的角度。

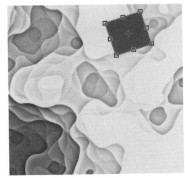

图5-176

04 按Ctrl+J组合键复制两个副本图层，然后调整好位置和大小，效果如图5-177所示。

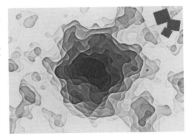

图5-177

05 设置"图层4副本"图层的"填充"为80%，如图5-178所示；设置"图层4副本2"图层的"填充"为48%，如图5-179所示，效果如图5-180所示。

图5-178

图5-179

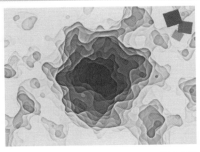

图5-180

06 在"图层"面板下方单击"创建新的填充或调整图层"按钮 ，在弹出的菜单中选择"色阶"命令，然后在"属性"面板中设置"输入色阶"为（27，1.26，244），具体参数设置如图5-181所示，效果如图5-182所示。

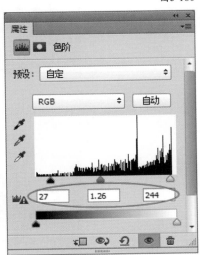

图5-181

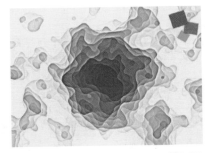

图5-182

07 选择"图层3副本"图层，然后在"图层"面板下方单击"添加图层蒙版"按钮 ，为该图层添加一个图层蒙版，接着使用黑色画笔在图像中涂抹，如图5-183所示，此时的蒙版效果如图5-184所示。

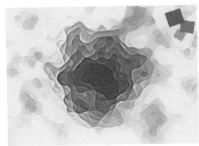

图5-183

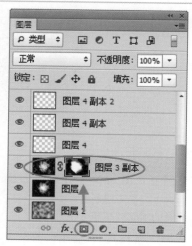

图5-184

08 使用"横排文字工具" T.在版面中输入相关文字信息，最终效果如图5-185所示。

图5-185

5.6 超酷炫彩特效

本例设计的超酷炫彩特效效果。
实例位置：光盘>实例文件>CH05>5.6.psd
难易指数：★★☆☆☆
技术掌握：掌握超酷炫彩特效的设计思路与方法

5.6.1 制作纹理特效

01 启动Photoshop CS6，按Ctrl+N组合键新建一个"超

酷炫彩特效"文件，具体参数设置如图5-186所示。

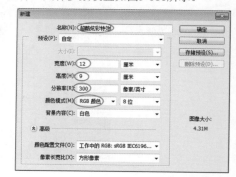

图5-186

02 按D键还原前景色和背景色，然后执行"滤镜>渲染>云彩"菜单命令，效果如图5-187所示。

图5-187

03 执行"滤镜>像素化>铜板雕刻"菜单命令，然后在弹出的"铜板雕刻"对话框中设置"类型"为"短描边"，如图5-188所示，效果如图5-189所示。

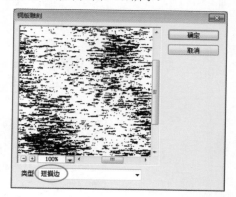

图5-188

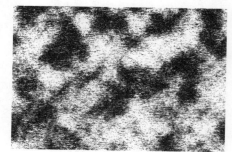

图5-189

04 执行"滤镜>模糊>径向模糊"菜单命令，然后在弹出的"径向模糊"对话框中设置"数量"为100，具体参数设置如图5-190所示，效果如图5-191所示。

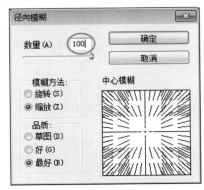

图5-190

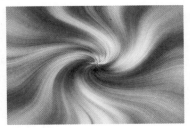

图5-194

07 将"背景"图层拖曳至"图层"面板中的"创建新图层"按钮 上，得到"背景副本"图层，然后执行"滤镜>扭曲>旋转扭曲"菜单命令，接着在弹出的"旋转扭曲"对话框中设置"角度"为-180度，具体参数设置如图5-195所示，效果如图5-196所示。

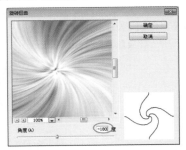

图5-195

图5-191

05 按Ctrl+F组合键重复执行"径向模糊"滤镜两次，得到的图像效果如图5-192所示。

图5-192

图5-196

08 设置"背景副本"图层的"混合模式"为"变亮"，如图5-197所示，效果如图5-198所示。

06 执行"滤镜>扭曲>旋转扭曲"菜单命令，然后在弹出的"旋转扭曲"对话框中设置"角度"为120度，具体参数设置如图5-193所示，效果如图5-194所示。

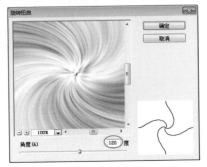

图5-193

图5-197

图5-198

5.6.2 绘制渐变色调

01 选择"背景"图层,然后在"图层"面板下方单击"创建新的填充或调整图层"按钮 ◎.,在弹出的菜单中选择"色相/饱和度"命令,接着在"属性"面板中勾选"着色",最后设置"色相"为113、"饱和度"为25,具体参数设置如图5-199所示,效果如图5-200所示。

图5-199

图5-200

专家点拨

　　使用调整图层调整图像的色彩属于非破坏性调整。在制作的过程中可以随时修改调整图层的参数,以达到满意的效果。

02 选择"背景副本"图层,然后在"图层"面板下方单击"创建新的填充或调整图层"按钮 ◎.,在弹出的菜单中选择"色相/饱和度"命令,接着在"属性"面板中勾选"着色",

最后设置"色相"为126、"饱和度"为25,具体参数设置如图5-201所示,完成后将调整图层灌入"背景副本"图层,如图5-202所示,效果如图5-203所示。

图5-201

图5-202

图5-203

03 在"图层"面板下方单击"创建新的填充或调整图层"按钮 ◎.,在弹出的菜单中选择"色阶"命令,然后在"属性"面板中设置"输入色阶"为(55, 0.74, 234),具体参数设置如图5-204所示,效果如图5-205所示。

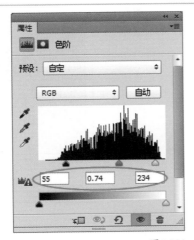

图5-204

图5-205

[04] 新建一个"图层1",然后打开"渐变编辑器"对话框,接着设置第1个色标的颜色为（R:254,G:120,B:58）、第2个色标的颜色为（R:255,G:140,B:145）、第3个色标的颜色为（R:255,G:150,B:224）、第4个色标的颜色为（R:250,G:193,B:253）、第5个色标的颜色为（R:217,G:173,B:255）,如图5-206所示,最后从上向下为图层填充使用线性渐变色,效果如图5-207所示。

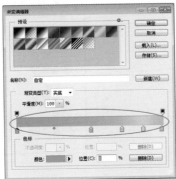

图5-206

图5-207

[05] 设置"图层1"的"混合模式"为"颜色",如图5-208所示,效果如图5-209所示。

图5-208

图5-209

[06] 在"图层"面板下方单击"创建新的填充或调整图层"按钮 ◎.,在弹出的菜单中选择"色相/饱和度"命令,然后在"属性"面板中设置"色相"为54、"饱和度"为10,具体参数设置如图5-210所示,最终效果如图5-211所示。

图5-210

图5-211

5.7 爆炸光影特效

本例设计的爆炸光影特效效果。

实例位置：光盘>实例文件>CH05>5.7.psd
难易指数：★★☆☆☆
技术掌握：掌握爆炸光影特效的设计思路与方法

5.7.1 制作光影效果

01 启动Photoshop CS6，按Ctrl+N组合键新建一个"爆炸光影特效"文件，具体参数设置如图5-212所示。

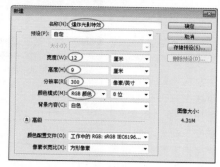

图5-212

02 按D键还原前景色和背景色，然后执行"滤镜>渲染>云彩"菜单命令，效果如图5-213所示。

图5-213

03 执行"滤镜>像素化>马赛克"菜单命令，然后在弹出的"马赛克"对话框中设置"单元格大小"为15方形，具体参数设置如图5-214所示，效果如图5-215所示。

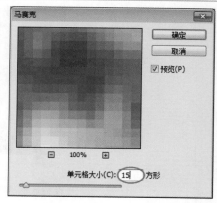

图5-214

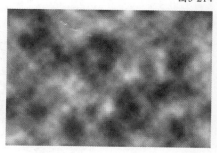

图5-215

04 执行"滤镜>模糊>径向模糊"菜单命令，然后在弹出的"径向模糊"对话框中设置"数量"为10、"模糊方法"为"缩放"、"品质"为"最好"，具体参数设置如图5-216所示，效果如图5-217所示。

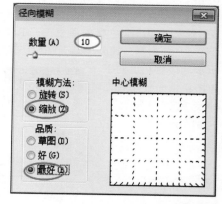

图5-216

图5-217

图5-221

专家点拨

"径向模糊"滤镜模拟缩放或旋转的相机所产生的模糊，产生一种柔化的模糊。设置参数值越大，模糊的效果也越大，可根据需要随时改变参数值。

05 执行"滤镜>风格化>浮雕效果"菜单命令，然后在弹出的"浮雕效果"对话框中设置"角度"为135度、"高度"为10像素、"数量"为180%，具体参数设置如图5-218所示，效果如图5-219所示。

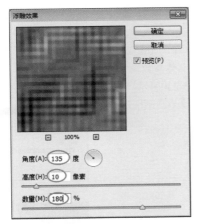

图5-218

图5-219

06 执行"滤镜>滤镜库"菜单命令，打开"滤镜库"对话框，然后在"画笔描边"滤镜组下选择"强化的边缘"滤镜，接着设置"边缘宽度"为2、"边缘亮度"为38、"平滑度"为5，具体参数设置如图5-220所示，图像效果如图5-221所示。

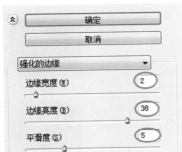

图5-220

专家点拨

"强化的边缘"滤镜是强化图像边缘。设置高的边缘亮度控制值时，强化效果类似白色粉笔；设置低的边缘亮度控制值时，强化效果类似黑色油墨。

07 执行"滤镜>风格化>查找边缘"菜单命令，如图5-222所示，然后执行"图像>调整>反相"菜单命令，效果如图5-223所示。

图5-222

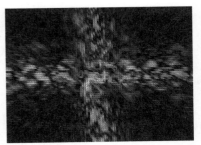

图5-223

08 执行"滤镜>模糊>径向模糊"菜单命令，然后在弹出的"径向模糊"对话框中设置"数量"为50，具体参数设置如图5-224所示，效果如图5-225所示。

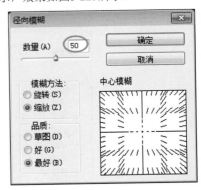

图5-224

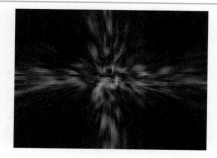

图5-225

09 执行"图像>调整>色阶"菜单命令，然后在弹出的"色阶"对话框中设置"输入色阶"为(0，1.00，79)，具体参数设置如图5-226所示，效果如图5-227所示。

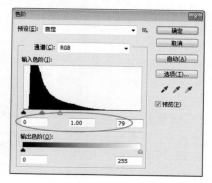

图5-226

图5-227

10 执行"滤镜>模糊>径向模糊"菜单命令，然后在弹出的"径向模糊"对话框中设置"数量"为20，具体参数设置如图5-228所示，效果如图5-229所示。

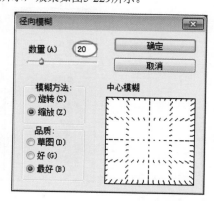

图5-228

图5-229

11 执行"图像>调整>色阶"菜单命令，然后在弹出的"色阶"对话框中设置"输入色阶"为(0，1.00，214)，具体参数设置如图5-230所示，效果如图5-231所示。

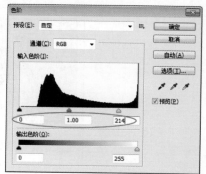

图5-230

图5-231

12 执行"图像>调整>亮度/对比度"菜单命令，然后在弹出的"亮度/对比度"对话框中设置"对比度"为30，具体参数设置如图5-232所示，效果如图5-233所示。

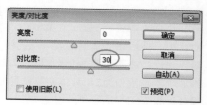

图5-232

图5-233

5.7.2 合成光影效果

01 新建一个"图层1",然后执行"滤镜>渲染>云彩"菜单命令,效果如图5-234所示。

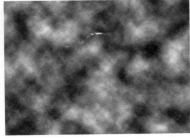

图5-234

02 执行"滤镜>像素化>马赛克"菜单命令,然后在弹出的"马赛克"对话框中设置"单元格大小"为80方形,具体参数设置如图5-235所示,效果如图5-236所示。

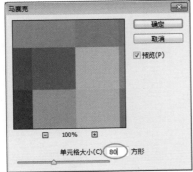

图5-235

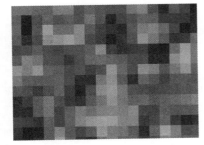

图5-236

03 设置"图层1"的"混合模式"为"叠加",如图5-237所示,效果如图5-238所示。

图5-237

图5-238

04 新建一个"图层2",然后使用黑色填充图层,接着执行"滤镜>杂色>添加杂色"菜单命令,最后在弹出的"添加杂色"对话框中设置"数量"为33%、"分布"为"平均分布",具体参数设置如图5-239所示,效果如图5-240所示。

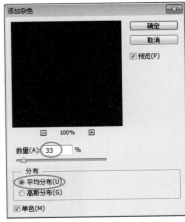

图5-239

图5-240

05 执行"滤镜>像素化>晶格化"菜单命令,然后在弹出的"晶格化"对话框中设置"单元格大小"为14,具体参数设置如图5-241所示,效果如图5-242所示。

图5-241

199

图5-242

06 执行"图像>调整>色阶"菜单命令,然后在弹出的"色阶"对话框中设置"输入色阶"为(74, 1.00, 77),具体参数设置如图5-243所示,效果如图5-244所示。

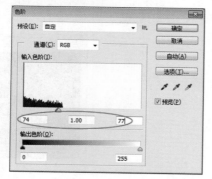

图5-243

图5-244

07 执行"滤镜>模糊>径向模糊"菜单命令,然后在弹出的"径向模糊"对话框中设置"数量"为30,具体参数设置如图5-245所示,效果如图5-246所示。

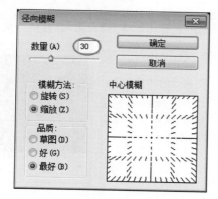

图5-245

图5-246

08 执行"图像>调整>色阶"菜单命令,然后在弹出的"色阶"对话框中设置"输入色阶"为(33, 0.35, 99),具体参数设置如图5-247所示,效果如图5-248所示。

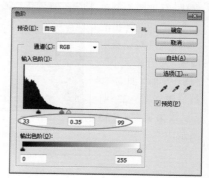

图5-247

图5-248

09 执行"滤镜>模糊>径向模糊"菜单命令,然后在弹出的"径向模糊"对话框中设置"数量"为22,具体参数设置如图5-249所示,效果如图5-250所示。

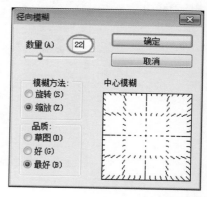

图5-249

图5-250

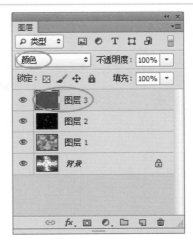

图5-253

⑩ 设置"图层2"的"混合模式"为"线色减淡（添加）"，如图5-251所示，效果如图5-252所示。

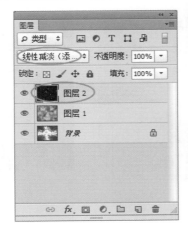

图5-251

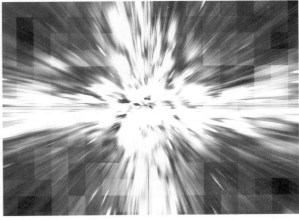

图5-254

⑫ 使用"横排文字工具" T.在版面中输入相关文字信息，最终效果如图5-255所示。

图5-252

⑪ 新建一个"图层3"图层，然后设置前景色为（R:22，G:78，B:113），接着按Alt+Delete组合键用前景色填充图层，最后设置该图层的"混合模式"为"颜色"，如图5-253所示，效果如图5-254所示。

图5-255

5.8 课后练习1：彩色玻璃网特效

本例设计的彩色玻璃网特效效果。

实例位置：光盘>实例文件>CH05>5.8.psd
难易指数：★★☆☆☆
技术掌握：掌握彩色玻璃网特效的设计思路与方法

步骤分解如图5-256所示。

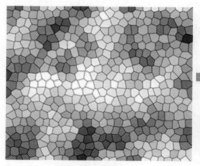

绘制网状玻璃

制作虚实特效

调节画面颜色

图5-256

5.9 课后练习2：梦幻发光特效

本例设计的梦幻发光特效效果。

实例位置：光盘>实例文件>CH05>5.9.psd
难易指数：★★☆☆☆
技术掌握：掌握梦幻发光特效的设计思路与方法

步骤分解如图5-257所示。

绘制基本图形　　　　　　　　　　　制作肌理效果　　　　　　　　　　　调节画面色调

图5-257

5.10　课后练习3：炫光特效

本例设计的炫光特效效果。

实例位置：光盘>实例文件>CH05>5.10.psd
难易指数：★★☆☆☆
技术掌握：掌握炫光特效的设计思路与方法

步骤分解如图5-285所示。

绘制光源特效　　　　　　　　　　　制作虚实效果　　　　　　　　　　　合成炫光特效

图5-285

5.11　本章小结

　　本章制作的是各种抽象的创意表现作品，着重介绍了炫彩背景、激光特效等效果，充分的运用了Photoshop的滤镜、图层混合模式、图层样式以及通道，才能制作出抽象逼真的纹理效果。本章需要重点掌握的是各种基本造型工具、滤镜、图层混合模式和图层样式等的应用。通过学习，读者可充分了解并掌握Photoshop制作抽象特效的各种实用方法和操作技巧。

第6章

特效与照片合成

 本章导读

　　"图像合成艺术"是在电子计算机普及之后所应运而生的一门艺术，它的应用领域十分广泛，从日常生活到广告设计、CG艺术、电影电视，可谓涉及了生活的方方面面，图像合成在Photoshop中也是很重要的一个部分，学习掌握好这些技术，在其他方面应用也就游刃有余了。

Learning Objectives

 掌握蒙版结合画笔来体验合成技法

 掌握混合模式的方法，学习合成技法，了解融图合成的制作技法

 掌握元素添加、拼贴组合的合成技法

 掌握图层样式中混合颜色带混合图像

 掌握融合的合成技法

 掌握变形操作来完成物体的真实透视

掌握质感替换合成的技巧

6.1　迷幻特效

本例设计的迷幻特效效果。

实例位置：光盘>实例文件>CH06>6.1.psd
难易指数：★★☆☆☆
技术掌握：掌握迷幻特效的设计思路与方法

6.1.1　人像与背景的融合

01　启动Photoshop CS6，按Ctrl+N组合键新建一个"迷幻"文件，具体参数设置如图6-1所示。

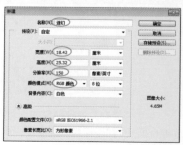

图6-1

02 打开光盘中的"光盘>素材文件>CH06>人物.jpg"文件，然后将其拖曳到"迷幻"操作界面中，接着鼠标双击"背景"图层，弹出"新建图层"对话框，名称命名为"素材1"，如图6-2所示，解除图层锁定，使其成为可操作状态，如图6-3所示，效果如图6-4所示。

图6-2

图6-3　　　　　　　　　　图6-4

03 打开光盘中的"光盘>素材文件>CH06>叶子.jpg"文件，然后将其拖曳到"迷幻"操作界面中，接着将新生成的图层更名为"素材2"图层，如图6-5所示。

04 执行"编辑>变换>旋转90度（逆时针）"菜单命令，然后按Ctrl+T组合键进入自由变换状态，调整大小与位置，如图6-6所示。

图6-5　　　　　　　　　　图6-6

05 执行"选择>全部"菜单命令，然后执行"编辑>拷贝"菜单命令，接着切换到"通道"面板，单击"创建新通道"按

钮，新建Alpha1通道，如图6-7所示，最后执行"编辑>粘贴"菜单命令，效果如图6-8所示。

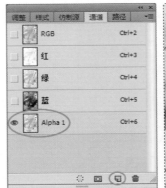 

图6-7　　　　　　　　　　图6-8

06 对Alpha1通道执行"图像>调整>色阶"菜单命令，然后在弹出的"色阶"对话框中设置"输入色阶"为（184，0.44，215），具体参数设置如图6-9所示，效果如图6-10所示。

图6-9　　　　　　　　　　图6-10

07 对Alpha1通道执行"图像>调整>反相"菜单命令，效果如图6-11所示。

图6-11

08 载入Alpha1通道的选区，然后单击"图层"面板下方的"添加图层蒙版"按钮，为"素材1"图层添加一个图层蒙版，这样选区之外的部分被蒙版遮挡，人物部分与"素材2"的树叶融为一体，如图6-12所示，此时

蒙版效果如图6-13所示。

图6-12   图6-13

图6-16   图6-17

09 为了便于观察，在"素材1"图层的下方新建"图层1"，白色填充画布，这时的效果更加的明显，如图6-14所示，效果如图6-15所示。

图6-14   图6-15

专家点拨

　　本案例的关键部分就是人物像素融入树叶像素之中，形成溶图效果，下面的一些步骤的叠加方式，以及素材的选取就是因人而异了，根据个人的喜好来尝试，可以组合出不同风格的效果。

6.1.2 叠加出特效

01 打开光盘中的"光盘>素材文件>CH06>喷洒.jpg"文件，然后将其拖曳到"迷幻"操作界面中，接着将新生成的图层更名为"素材3"图层，并放置在"素材1"图层的下方，最后删除临时的背景"图层1"图层，如图6-16所示，效果如图6-17所示。

02 打开光盘中的"光盘>素材文件>CH06>元素.jpg"文件，然后将其拖曳到"迷幻"操作界面中，接着将新生成的图层更名为"素材4"图层，最后将该图层放置在"素材3"图层的上方，效果如图6-18所示。

图6-18

03 设置该图层的图层"混合模式"为"柔光"方式，如图6-19所示，效果如图6-20所示。

图6-19   图6-20

04 打开光盘中的"光盘>素材文件>CH06>装饰.jpg"文件，然后将其拖曳到"迷幻"操作界面中，接着将新生成的图层更名为"素材5"图层，如图6-21所示。

图6-21

05 将该图层放置在"素材1"图层的上方，然后设置该图层的"混合模式"为"叠加"、"不透明度"为75%，如图6-22所示，效果如图6-23所示。

图6-22　　　　　　　　　图6-23

06 打开光盘中的"光盘>素材文件>CH06>曲谱.jpg"文件，然后将其拖曳到"迷幻"操作界面中，接着将新生成的图层更名为"素材6"图层，最后将该图层放置在"素材1"图层的上方，效果如图6-24所示。

07 确定"素材6"为当前图层，执行"图像>调整>反相"菜单命令，如图6-25所示。

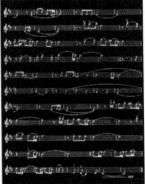

图6-24　　　　　　　　　图6-25

08 设置该图层的"混合模式"为"滤色"方式，如图6-26所示，效果如图6-27所示。

图6-26　　　　　　　　　图6-27

09 单击"图层"面板下方的"添加图层蒙版"按钮 □，为"素材6"图层添加一个图层蒙版，如图6-28所示。

图6-28

10 选择"素材6"图层的蒙版，然后使用黑色"画笔工具" ☑ 把脸部位置绘制成为半透明状态，如图6-29所示，此时蒙版效果如图6-30所示。

图6-29　　　　　　　　　图6-30

11 打开光盘中的"光盘>素材文件>CH06>花纹.jpg"文件，然后将其拖曳到"迷幻"操作界面中，接着将新生成的图层更名为"素材7"图层，如图6-31所示。

图6-31

12 执行"编辑>自由变换"菜单命令，然后调整大小与位置，符合画面的需要，接着设置该图层的"混合模式"为"正片叠底"、"不透明度"为60%，如图6-32所示，效果如图6-33所示。

图6-32

图6-33

图6-37

13 按Ctrl+J组合键复制一个"素材7副本"图层,然后执行"编辑>变换>垂直变换"菜单命令,接着按Ctrl+T组合键进入自由变换状态,最后按Shift键向左上方拖曳定界框的右下角的角控制点,将其等比例缩小到如图6-34所示大小。

图6-34

6.2 神秘舞会

本例设计的神秘舞会效果。

实例位置:光盘>实例文件>CH06>6.2.psd
难易指数:★★☆☆☆
技术掌握:掌握神秘舞会的设计思路与方法

14 设置该图层的"不透明度"为100%、"填充"为70%,如图6-35所示,最终效果如图6-36所示。

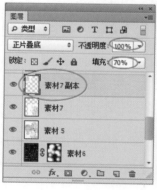

图6-35

图6-36

专家点拨

　　图层混合模式选项位于"图层"面板的顶端,Photoshop提供了25种不同的混合模式,它们被分为6组,每一组中的混合模式都有着相似的效果或者相近的用途,如图6-37所示。

6.2.1 制作背景特效

01 启动Photoshop CS6，按Ctrl+N组合键新建一个"神秘舞会"文件，具体参数设置如图6-38所示。

图6-38

02 打开光盘中的"光盘>素材文件>CH06>星空.jpg"文件，然后将其拖曳到"神秘舞会"操作界面中，如图6-39所示。

图6-39

03 打开光盘中的"光盘>素材文件>CH06>城市.png"文件，然后将其拖曳到"神秘舞会"操作界面中，接着将新生成的图层更名为"城市"图层，最后将其放在图像的下部，如图6-40所示。

图6-40

04 继续导入光盘中的"光盘>素材文件>CH06>烟.png"文件，然后将新生成的图层更名为"烟"图层，

效果如图6-41所示。

图6-41

6.2.2 人物与背景融合

01 新建一个"前景"图层组，然后导入光盘中的"光盘>素材文件>CH06>美女1.jpg"文件，接着将新生成的图层更名为"人物"图层，如图6-42所示。

图6-42

02 为"人物"图层添加一个图层蒙版，然后使用黑色"画笔工具" 在蒙版中进行涂抹，如图6-43所示，此时蒙版效果如图6-44所示。

图6-43

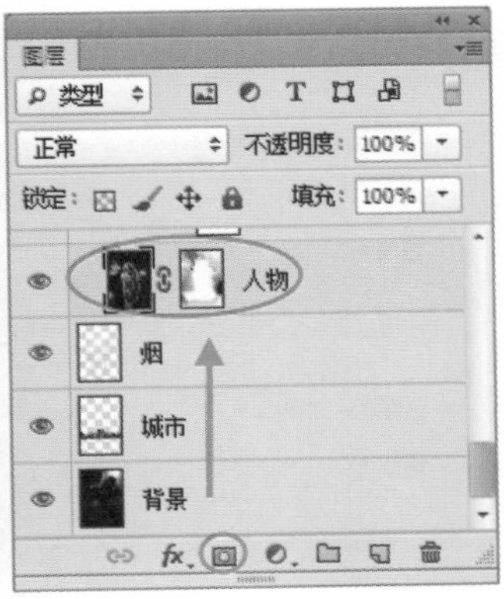

图6-44

209

中文版 Photoshop CS6图像处理入门与提高

03 在"图层"面板下方单击"创建新的填充或调整图层"按钮 ◉，在弹出的菜单中选择"色阶"命令，然后在"属性"面板中设置"输入色阶"为（10，1.00，223），具体参数设置如图6-45所示，效果如图6-46所示。

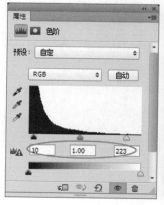 

图6-45   图6-46

04 选择"城市"图层，然后按Ctrl+J组合键复制一个副本图层，并将其更名为"倒影"，接着将该图层移动到最顶层，如图6-47所示，最后执行"编辑>变换>垂直翻转"菜单命令，并将其放在如图6-48所示的位置。

图6-47   图6-48

05 执行"滤镜>滤镜库"菜单命令，打开"滤镜库"对话框，然后在"扭曲"滤镜组下选择"玻璃"滤镜，接着设置"纹理"为"磨砂"，最后设置"扭曲度"为5、"平滑度"为3、"缩放"为100%，如图6-49所示，图像效果如图6-50所示。

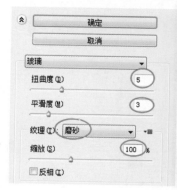 

图6-49   图6-50

06 确定"城市"为当前图层，执行"滤镜>扭曲>波纹"菜单命令，然后在弹出的"波纹"对话框中设置"数量"为109%，具体参数设置如图6-51所示，效果如图6-52所示。

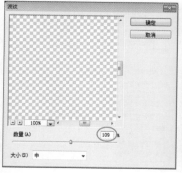 

图6-51   图6-52

07 执行"滤镜>液化"菜单命令，然后在弹出的"液化"对话框中设置"画笔大小"为60、"画笔压力"为82，具体参数设置如图6-53所示，接着使用"向前变形工具" 调整好倒影的形状，效果如图6-54所示。

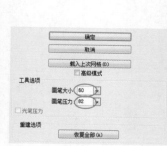 

图6-53   图6-54

08 设置"倒影"图层的"不透明度"为35%，如图6-55所示，效果如图6-56所示。

图6-55   图6-56

09 打开光盘中的"光盘>素材文件>CH06>星球.png"文件，然后将其拖曳到"神秘舞会"操作界面中，接着将新生成的图层更名为"星球"图层，如图6-57所示。

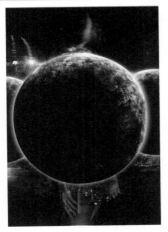

图6-57

⑩ 按Ctrl+T组合键进入自由变换状态，然后按Shift键向左下方拖曳定界框的右上角的角控制点，将其等比例缩小到如图6-58所示大小。

图6-58

⑪ 打开光盘中的"光盘>素材文件>CH06>麦克风.png"文件，然后将其拖曳到"神秘舞会"操作界面中，接着将新生成的图层更名为"麦克风"图层，如图6-59所示。

图6-59

⑫ 确定"麦克风"为当前图层，在"图层"面板下方单击"添加图层蒙版"按钮 ，为该图层添加一个图层蒙版，如图6-60所示。

图6-60

⑬ 选择"麦克风"图层的蒙版，然后使用黑色"画笔工具" 涂去多余的部分，使星球看起来像是挡住了麦克风，如图6-61所示，此时的蒙版效果如图6-62所示。

图6-61   图6-62

⑭ 在"图层"面板下方单击"创建新的填充或调整图层"按钮 ，在弹出的菜单中选择"曲线"命令，然后在"属性"面板中将曲线调节成如图6-63所示的形状，效果如图6-64所示。

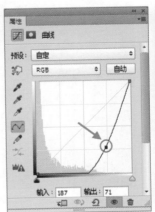 

图6-63   图6-64

15 在"图层"面板下方单击"添加图层蒙版"按钮 ⬜，为该图层添加一个图层蒙版，然后使用黑色"画笔工具" ✎在该调整图层的蒙版中上面的区域进行涂抹，只保留图像下方的小部分，如图6-65所示，此时蒙版效果如图6-66所示。

图6-65　　　　　　　图6-66

16 设置该调整图层的"不透明度"为82%，如图6-67所示，效果如图6-68所示。

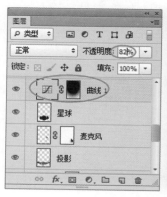

图6-67　　　　　　　图6-68

6.2.3 绘制文字效果

01 新建一个"文字"图层组，然后使用"横排文字工具" T在图像的底部输入文字，如图6-69所示。

图6-69

02 执行"图层>图层样式>渐变叠加"菜单命令，

打开"图层样式"对话框，然后单击"点可按编辑渐变"按钮，接着设置第1个色标的颜色为（R:126，G:96，B:36）、第2个色标的颜色为（R:178，G:142，B:90）、第3个色标的颜色为（R:219，G:185，B:125）、第4个色标的颜色为（R:203，G:160，B:93）、第5个色标的颜色为（R:171，G:137，B:77）、第6个色标的颜色为（R:138，G:111，B:56）、第7个色标的颜色为（R:124，G:101，B:47）、第8个色标的颜色为（R:112，G:94，B:51）、第9个色标的颜色为（R:155，G:120，B:50）、第10个色标的颜色为（R:251，G:233，B:160），如图6-70所示，最后返回"图层样式"对话框中，并设置"角度"为-90度，如图6-71所示，效果如图6-72所示。

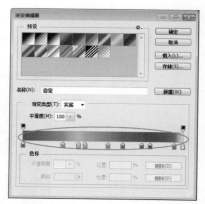

图6-70

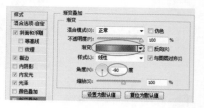

图6-71

图6-72

03 在"图层样式"对话框中单击"斜面和浮雕"样式，然后设置"深度"为1000%、"大小"为35像素、"角度"为90度，接着将"光泽等高线"编辑成如图6-73所示的形状，最后设置"高光模式"和"阴影模式"为"颜色减淡"，并分别调整两种模式的"不透明度"为50%和80%、阴影颜色为（R:51，G:51，B:51），具体参数设置如图6-74所示，效果如图6-75所示。

B:35)、第3个色标的颜色为（R:38，G:32，B:17)、第4个色标的颜色为（R:106，G:84，B:41)、第5个色标的颜色为（R:217，G:193，B:127)、第6个色标的颜色为（R:96，G:87，B:50)、第7个色标的颜色为（R:84，G:73，B:80)、第8个色标的颜色为（R:31，G:28，B:23)，如图6-76所示，最后设置"角度"为90度，如图6-77所示，文字效果如图6-78所示。

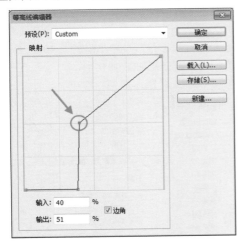

图6-73

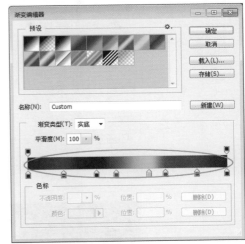

图6-76

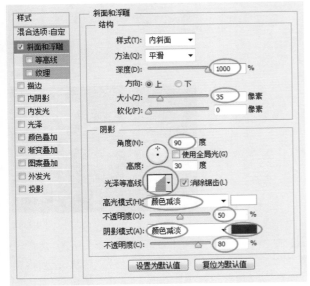

图6-74

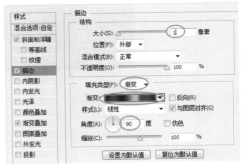

图6-77

图6-75

图6-78

04 在"图层样式"对话框中单击"描边"样式，然后设置"大小"为1像素、"填充类型"为"渐变"、接着单击"点可按编辑渐变"按钮，设置第1个色标的颜色为（R:46，G:34，B:10)、第2个色标的颜色为（R:90，G:72，

05 在"图层样式"对话框中单击"内发光"样式，然后设置"混合模式"为"颜色减淡"、"不透明度"为28%、发光颜色为白色、"大小"为1像素，接着设置"等高线"为预设的"锥形"样式，如图6-79所示，效果如图6-80所示。

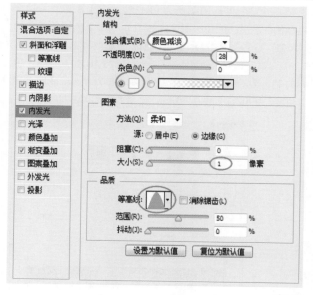

图6-79

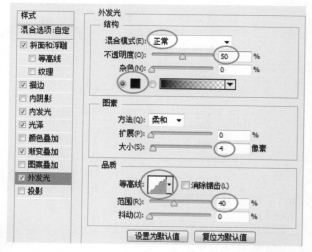

07 在"图层样式"对话框中单击"外发光"样式,然后设置"混合模式"为"正常"、"不透明度"为50%、发光颜色为黑色、"大小"为4像素,接着设置"等高线"为预设的"画笔步骤"样式,最后设置"范围"为40%,具体参数设置如图6-83所示,效果如图6-84所示。

图6-83

图6-80

06 在"图层样式"对话框中单击"光泽"样式,然后设置"混合模式"为"差值"、效果颜色为白色、"不透明度"为13%、"角度"为125度、"距离"和"大小"为7像素,接着设置"等高线"为预设的"画笔步骤"样式,并勾选"消除锯齿"选项,具体参数设置如图6-81所示,效果如图6-82所示。

图6-84

08 在"图层样式"对话框中单击"投影"样式,然后设置"角度"为145度,并关闭"使用全局光"选项,最后设置"距离"为6像素、"扩展"100%、"大小"为1像素,具体参数设置如图6-85所示,效果如图6-86所示。

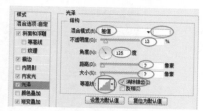

图6-81

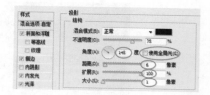

图6-85

图6-82

图6-86

09 设置前景色为白色，然后使用"横排文字工具"T在版面中输入其他文字信息，效果如图6-87所示。

图6-87

10 在最上层新建一个"曲线"调整图层，然后在"属性"面板中将曲线调节成如图6-88所示的形状，效果如图6-89所示。

图6-88   图6-89

11 在"图层"面板下方单击"添加图层蒙版"按钮，为该调整图层添加一个图层蒙版，然后使用黑色"画笔工具"在该调整图层的蒙版中涂抹出暗角，如图6-90所示，最终效果如图6-91所示。

图6-90   图6-91

6.3 随心舞动

本例设计的随心舞动效果。

实例位置：光盘>实例文件>CH06>6.3.psd
难易指数：★★☆☆☆
技术掌握：掌握随心舞动的设计思路与方法

6.3.1 添加背景元素

01 启动Photoshop CS6，按Ctrl+N组合键新建一个"随心舞动"文件，具体参数设置如图6-92所示。

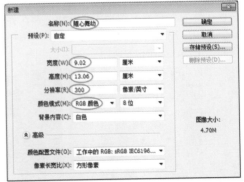

图6-92

02 打开光盘中的"光盘>素材文件>CH06>美女.jpg"文件，然后将其拖曳到"随心舞动"操作界面中，如图6-93所示。

215

图6-93

03 新建一个"前景"图层组，然后导入光盘中的"光盘>素材文件>CH06>冰块.png"文件，接着将新生成的图层更名为"冰块"图层，如图6-94所示，效果如图6-95所示。

图6-94   图6-95

04 按Ctrl+T组合键进入自由变换状态，然后按Shift键向左上方拖曳定界框的右下角的角控制点，将其等比例缩小到如图6-96所示大小。

05 打开光盘中的"光盘>素材文件>CH06>光斑.png"文件，然后将其拖曳到"随心舞动"操作界面中，接着将新生成的图层更名为"光斑"图层，最后将其放在图像的中下部，如图6-97所示。

图6-96   图6-97

06 打开光盘中的"光盘>素材文件>CH06>水.png"文件，接着将新生成的图层更名为"水"图层，最后将其放在人像的肩部位置，如图6-98所示。

07 按Ctrl+J组合键复制一个副本图层到"水"图层的下一层，然后按Ctrl+T组合键进入自由变换状态，接着按Shift键向左上方拖曳定界框的右下角的角控制点，将其等比例缩小到如图6-99所示大小。

图6-98   图6-99

08 为"水副本"图层添加一个图层蒙版，然后使用黑色"画笔工具" ✎在蒙版中涂去被身体挡住的部分，如图6-100所示，完成后的效果如图6-101所示。

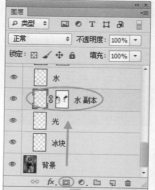

图6-100   图6-101

09 打开光盘中的"光盘>素材文件>CH06>光效.jpg"文件，然后将其拖曳到"随心舞动"操作界面中，接着将新生成的图层更名为"光效"图层，如图6-102所示。

图6-102

⑩ 设置"光效"图层的"混合模式"为"滤色",如图6-103所示,效果如图6-104所示。

文件,然后调整好这些星光的位置,以点缀画面,如图6-109所示。

图6-103　　　　　　图6-104

图6-108　　　　　　图6-109

⑪ 为"光效"图层添加一个图层蒙版,然后使用黑色"画笔工具"☑在蒙版中涂抹,如图6-105所示,完成后的效果如图6-106所示。

6.3.2 制作文字效果

⑪ 新建一个"文字"图层组,然后设置前景色为黑色,接着使用"横排文字工具"☑在版面中输入相关文字信息,效果如图6-110所示。

图6-105　　　　　　图6-106

图6-110

⑫ 新建一个"光"图层,然后选择"画笔工具"☑,接着在选项栏中选择一种柔边笔刷,并设置"大小"为110像素、"不透明度"为50%,如图6-107所示。

⑫ 按Ctrl+J组合键复制一个文字副本图层,然后执行"图层>栅格化>文字"菜单命令,使文字副本图层转换为普通图层,如图6-111和图6-112所示。

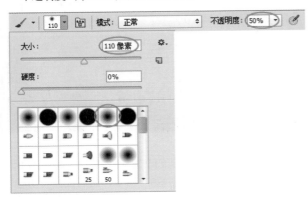

图6-107

⑬ 设置前景色为白色,然后使用"画笔工具"☑在图像的下方进行涂抹,效果如图6-108所示。

⑭ 打开光盘中的"光盘>素材文件>CH06>星光2.png"

图6-111　　　　　　图6-112

217

03 确定当前图层为文字副本图层，隐藏文字图层，如图6-113所示，然后按Ctrl+T组合键进入自由变换状态，将文字按照如图6-114所示进行旋转。

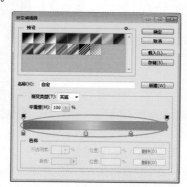

图6-113　　　　　图6-114

04 执行"图层>图层样式>渐变叠加"菜单命令，打开"图层样式"对话框，然后单击"点可按编辑渐变"按钮 ，接着设置第1个色标的颜色为（R:0，G:124，B:255）、第2个色标的颜色为（R:243，G:252，B:3）、第3个色标的颜色为（R:255，G:0，B:138），如图6-115所示，最后返回"图层样式"对话框中，并设置"不透明度"为7%、"角度"为-11度、"缩放"为150%，具体参数设置如图6-116所示，效果如图6-117所示。

图6-115

图6-116

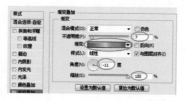

图6-117

05 在"图层样式"对话框中单击"外发光"样式，然后设置"大小"为22像素，具体参数设置如图6-118所示，效果如图6-119所示。

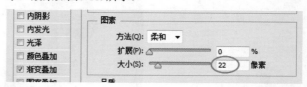

图6-118

图6-119

06 设置文字副本图层的"混合模式"为"差值"，如图6-120所示，效果如图6-121所示。

图6-120　　　　　图6-121

07 确定当前图层为"PARTY副本"图层，按Ctrl+J组合键复制一个"PARTY副本2"图层，增强文字的透明效果，效果如图6-122所示。

图6-122

08 确定当前图层为"PARTY副本2"图层，按Ctrl+J组合键复制一个"PARTY副本3"图层，然后执行"图层>图层样式>渐变叠加"菜单命令，打开"图层样式"对话框，接着设置"不透明度"为18%、"角度"为-45度、"缩放"为100%，具体参数设置如图6-123所示，效果如图6-124所示。

图6-123

图6-124

09 隐藏"PARTY副本3"图层的"外发光"效果,然后设置该图层的"混合模式"为"柔光",如图6-125所示,效果如图6-126所示。

图6-125　　　　　　图6-126

10 新建一个"图层1",然后设置前景色为(R:51,G:40,B:31),然后使用"画笔工具" ☑ 在文字的上方绘制一条斜线,如图6-127所示。

图6-127

11 执行"图层>图层样式>颜色叠加"菜单命令,打开"图层样式"对话框,然后设置叠加颜色为白色,如图6-128所示,效果如图6-129所示。

图6-128

图6-129

12 在"图层样式"对话框中单击"外发光"样式,然后设置"大小"为10像素,如图6-130所示,效果如图6-131所示。

图6-130

图6-131

13 设置该图层的"不透明度"为50%,如图6-132所示,效果如图6-133所示。

图6-132　　　　　　图6-133

14 确定当前图层为"图层1",按Ctrl+J组合键复制一个"图层1副本"图层,放置到文字的下方,效果如图6-134所示。

图6-134

15 设置前景色为白色,然后使用"横排文字工具" ☐ 在版面中输入相关文字信息,最终效果如图6-135所示。

图6-135

6.4 梦想青春

本例设计的梦想青春效果。

实例位置：光盘>实例文件>CH06>6.4.psd
难易指数：★★☆☆☆
技术掌握：掌握梦想青春的设计思路与方法

6.4.1 合成背景元素

01 启动Photoshop CS6，按Ctrl+N组合键新建一个"梦想青春"文件，具体参数设置如图6-136所示。

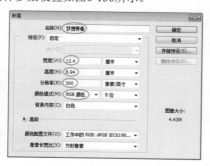

图6-136

02 打开光盘中的"光盘>素材文件>CH06>绿色背景.jpg"文件，然后将其拖曳到"梦想青春"操作界面中，如图6-137所示。

图6-137

03 新建一个"人像"图层组，然后导入光盘中的"素材文件>CH06>舞者.psd"文件，接着将新生成的图层更名为"人物"图层，最后将其放在图像的右侧，如图6-138所示。

04 执行"编辑>变换>水平翻转"菜单命令，然后按Ctrl+T组合键进入自由变换状态，调整人物的大小和位置，效果如图6-139所示。

图6-138   图6-139

专家点拨

使用"魔棒工具" 选择白色背景并按Delete键将其删除以后，人像上可能还会残留一些白色的像素，遇到这种情况我们可以继续用"橡皮擦工具" 将这些多余的像素仔细擦除。

05 按Ctrl+J组合键复制一个"人物副本"图层，然后执行"滤镜>模糊>动感模糊"菜单命令，接着在弹出的"动感模糊"对话框中设置"角度"为0度、"距离"为30像素，具体参数设置如图6-140所示，最后将"人物副本"图层移动到"人物"图层的下方，效果如图6-141所示。

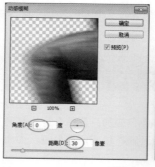

图6-140   图6-141

06 确定"人物副本"为当前图层，执行"图像>调整>色阶"菜单命令，然后在弹出的"色阶"对话框中设置"输入色阶"为（42，1.08，231），具体参数设置如图6-142所示，效果如图6-143所示。

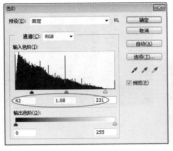

图6-142　　　　　　　　　图6-143

[07] 打开光盘中的"光盘>素材文件>CH06>喷溅1.png"文件，然后将其拖曳到"梦想青春"操作界面中，接着将新生成的图层更名为"喷溅"图层，如图6-144所示。

[08] 打开光盘中的"光盘>素材文件>CH06>喷溅2.png"文件，然后将其拖曳到"梦想青春"操作界面中，接着将新生成的图层更名为"身后喷溅"图层，最后将该图层拖曳至"背景"图层上方，效果如图6-145所示。

图6-144　　　　　　　　　图6-145

6.4.2 添加装饰效果

[01] 在"人像"图层组的上一层新建一个"三色彩带"图层组，然后新建一个"彩带1"图层，接着使用"钢笔工具" 绘制出如图6-146所示的路径。

图6-146

[02] 设置前景色为（R:182，G:204，B:91），然后按Ctrl+Enter组合键载入路径的选区，接着用前景色填充选区，效果如图6-147所示。

图6-147

[03] 为"彩带1"图层添加一个图层蒙版，然后使用黑色"画笔工具" 在蒙版中涂去被身体挡住的部分，如图6-148所示，此时蒙版效果如图6-149所示。

图6-148　　　　　　　　　图6-149

[04] 采用相同的方法制作出另外两条彩带，如图6-150所示，蒙版效果如图6-151所示。

图6-150　　　　　　　　　图6-151

[05] 打开光盘中的"光盘>素材文件>CH06>音符.png"文件，然后将其拖曳到"梦想青春"操作界面中，接着将新生成的图层更名为"音符"图层，如图6-152所示。

[06] 打开光盘中的"光盘>素材文件>CH06>彩色丝带.png"文件，然后将其拖曳到"梦想青春"操作界面中，接着将新生成的图层更名为"彩色丝带"，如图6-153所示。

图6-152　　　　　　　　　图6-153

[07] 执行"图层>图层样式>外发光"菜单命令，打开"图层样式"对话框，然后设置"混合模式"为叠加、"大小"为4像素，如图6-154所示，效果如图6-155所示。

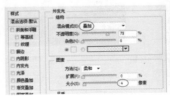

图6-154　　　　　　　　　图6-155

221

08 在最上层新建一个“线”图层，然后使用“画笔工具”在人物上方绘制出图像，效果如图6-156所示。

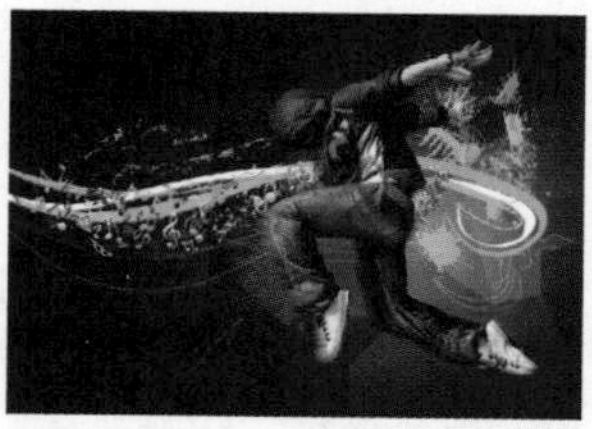

图6-156

09 打开光盘中的“光盘>素材文件>CH06>数字.psd”文件，然后将其拖曳到“梦想青春”操作界面中，接着将新生成的图层更名为“数字喷溅”图层，如图6-157所示。

10 打开光盘中的“光盘>素材文件>CH06>星光.psd”文件，然后将其拖曳到“梦想青春”操作界面中，接着将新生成的图层更名为“星光”图层，最后将该图层移动到“喷溅”图层上方，效果如图6-158所示。

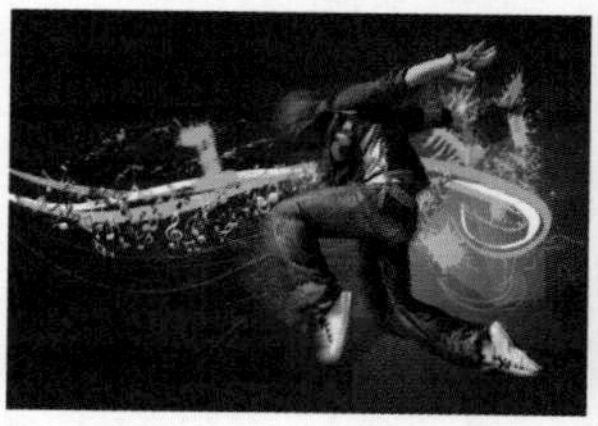

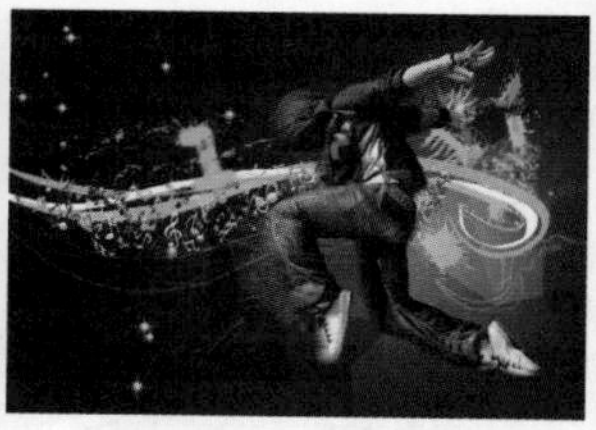

图6-157　图6-158

11 执行“图层>图层样式>渐变叠加”菜单命令，打开“图层样式”对话框，然后单击“点按可编辑渐变”按钮，接着设置第1个色标的颜色为（R:0，G:96，B:27）、第2个色标的颜色为（R:253，G:124，B:0），如图6-159和图6-160所示，效果如图6-161所示。

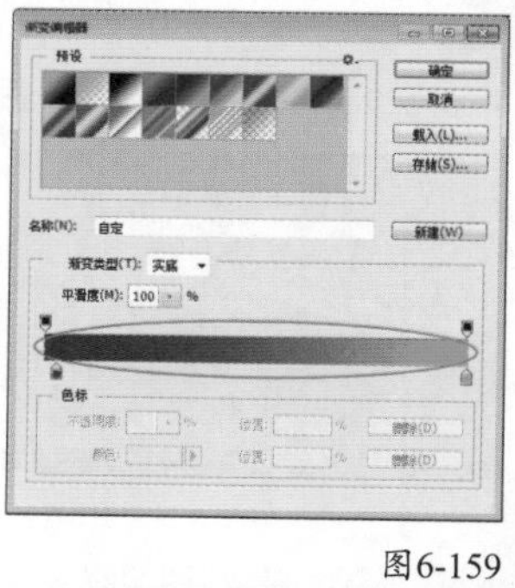

图6-159

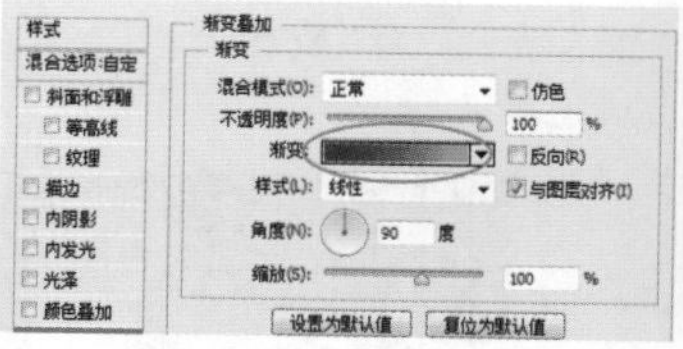

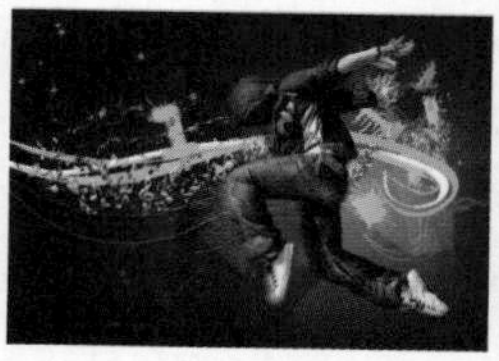

图6-160　图6-161

12 按Ctrl+J组合键复制一个“星光副本”图层，然后调整好位置和大小，最终效果如图6-162所示。

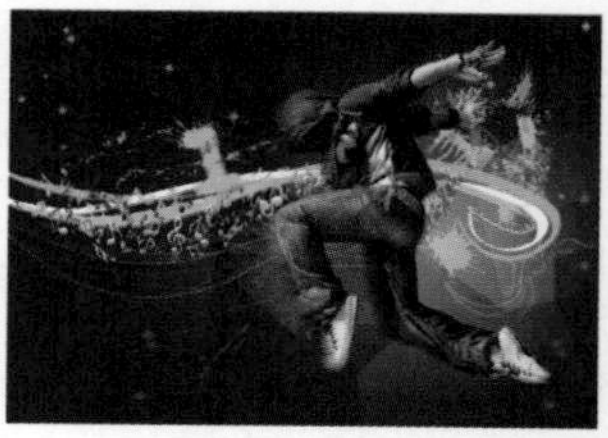

图6-162

6.5 课后练习1：炫光舞台

本例设计的炫光舞台效果。

实例位置：光盘>实例文件>CH06>6.5.psd

难易指数：★★☆☆☆

技术掌握：掌握炫光舞台的设计思路与方法

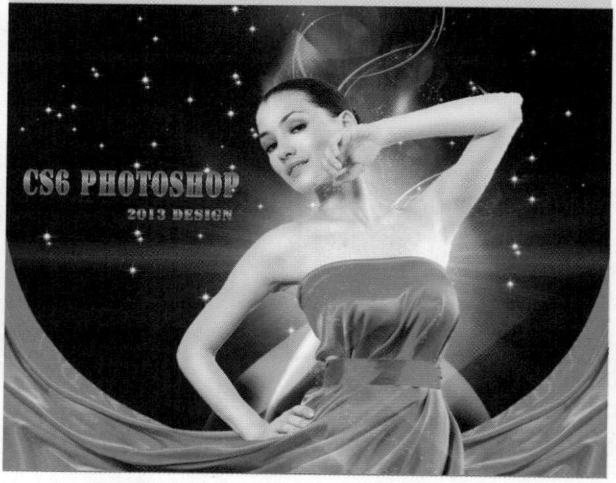

步骤分解如图6-163所示。

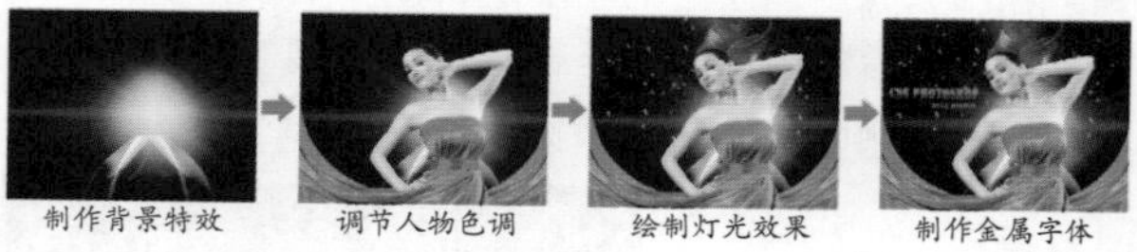

图6-163

6.6 课后练习2：飘散艺术

本例设计的飘散艺术效果。

实例位置：光盘>实例文件>CH06>6.6.psd

难易指数：★★☆☆☆

技术掌握：掌握飘散艺术的设计思路与方法

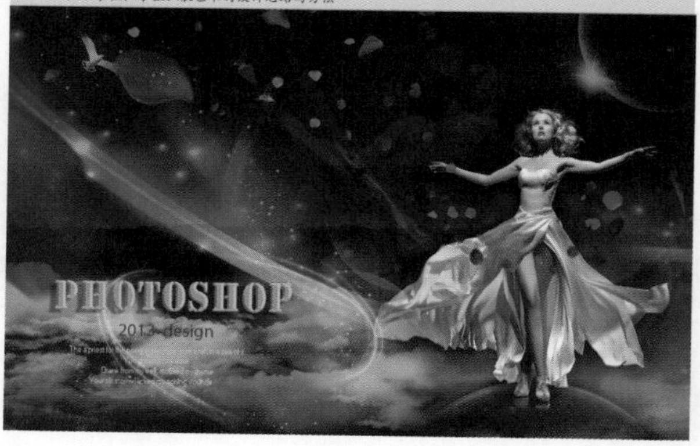

步骤分解如图6-164所示。

| 制作背景特效 | 修饰人物妆容 | 添加装饰元素 | 制作字体效果 |

图6-164

6.7 本章小结

　　在本章，笔者将Photoshop合成的不同类型分别讲解其技巧和方法，在运用时需要根据不同的素材灵活掌握，无论什么类型的合成，都是建立在抠图与融合的基础之上。放飞你的思想去构思，真正做到学有所用。

第7章
鼠绘特效

本章导读

本章将学习如何在Photoshop中绘制真实效果的物体。在实际操作中，制作方法不能生搬硬套，应当对不同物体结构特点有所了解，还要对质感的不同有所区分，如金属的质感、塑料的光滑、布料的粗糙等，只有对这些质感的特点有了一定了解，才能在Photoshop的修改操作中绘制出更加逼真生动的画面。

Learning Objectives

 使用橡皮擦描边功能与自由变换功能

 使用"径向模糊"和"光照效果"滤镜

 使用滤镜与"色阶"功能

 使用自由变换的高级功能

 使用选区描边功能

 使用调色功能调整整体色调

7.1　ZIPPO打火机

本例设计的ZIPPO打火机效果。
实例位置：光盘>实例文件>CH07>7.1.psd
难易指数：★★★☆☆
技术掌握：掌握ZIPPO打火机的设计思路与方法

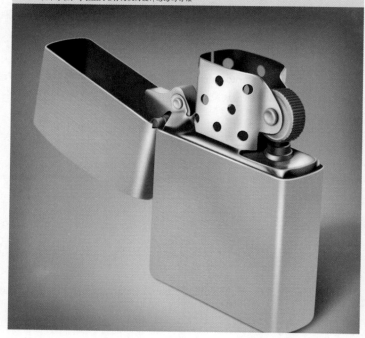

7.1.1 确定基本外形

01 启动Photoshop CS6，按Ctrl+N组合键新建一个"ZIPPO打火机"文件，具体参数设置如图7-1所示。

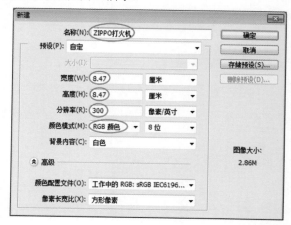

图7-1

02 新建一个路径"路径1"，然后使用"矩形工具" ▣ 绘制一个如图7-2所示的矩形路径。

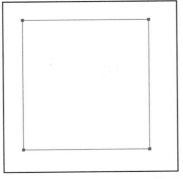

图7-2

03 使用"添加锚点工具" 在矩形路径的上下边框上各添加一个锚点，然后使用"直接选择工具" 框选右侧的两个锚点，按键盘上的方向键↑将其移动到如图7-3所示的位置。

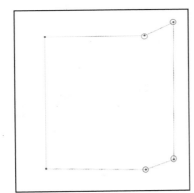

图7-3

专家点拨

在添加完锚点后，在图7-3中的蓝色标注框中的锚点上使用"转换点工具" 可以取消锚点的调整杆。

04 继续使用"直接选择工具" 框选矩形路径左侧的锚点，然后按键盘上的方向键↑，将其移动到如图7-4所示的位置。

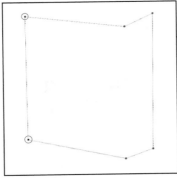

图7-4

05 使用"转换点工具" 将直角锚点变换为圆角锚

点，效果如图7-5所示；然后采用相同的方法在"路径1"中绘制出"盖子"的路径，效果如图7-6所示。

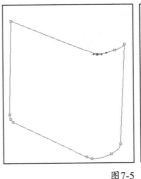

图7-5

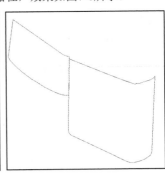

图7-6

06 新建一个图层组"外壳"，然后在该组中新建一个图层"图层1"，接着设置前景色为（R:158，G:158，B:161），最后载入"路径1"的选区，并用前景色填充选区，效果如图7-7所示。

07 新建一个路径"路径2"，然后使用"圆角矩形工具" 绘制一个大小合适的圆角矩形路径，接着调整其透视关系，效果如图7-8所示。

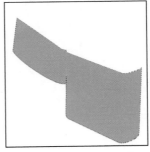

图7-7

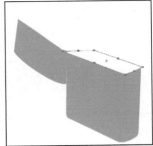

图7-8

08 继续采用上面的方法在"路径2"中绘制一个大小合适的圆角矩形路径，并调整其透视关系，效果如图7-9所示。

09 在"背景"图层的上一层新建一个图层"内壳"，然后设置前景色为（R:62，G:55，B:55），接着载入"路径2"的选区，最后用前景色填充选区，效果如图7-10所示。

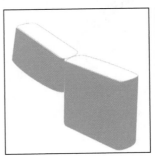

图7-9

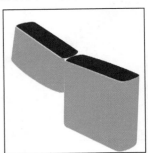

图7-10

225

10 新建一个路径"路径3"，然后使用"钢笔工具" ✐ 绘制出"防风罩"的路径，效果如图7-11所示。

11 新建一个图层组"防风罩"，然后在该组中新建一个"图层1"，接着设置前景色为（R:158, G:158, B:161），最后载入"路径3"的选区，并用前景色填充选区，效果如图7-12所示。

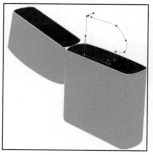 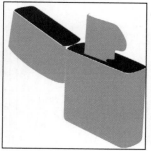

图7-11　　　　　　　　　　图7-12

12 新建一个路径"路径4"，然后使用"钢笔工具" ✐ 继续在"路径4"中绘制出"防风罩"后侧的形状路径，效果如图7-13所示。

13 在图层组"防风罩"中新建一个"图层2"，然后设置前景色为（R:77, G:53, B:43），接着载入"路径4"的选区，并用前景色填充选区，效果如图7-14所示。

 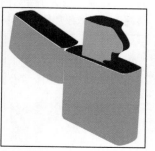

图7-13　　　　　　　　　　图7-14

14 新建一个路径"路径5"，然后使用"钢笔工具" ✐ 绘制出"内胆"的路径，效果如图7-15所示。

15 在图层组"防风罩"的下面新建一个图层组"内胆"，然后在该图层组中新建一个"图层1"，接着设置前景色为（R:176, G:176, B:176），最后载入"路径5"的选区，并用前景色填充选区，效果如图7-16所示。

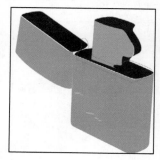 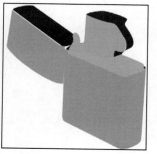

图7-15　　　　　　　　　　图7-16

16 新建一个路径"路径6"，然后使用"钢笔工具" ✐ 绘制出"卡簧"的路径，效果如图7-17所示。

17 在图层组"内胆"的下面新建一个图层组"卡簧"，然后在该图层组中新建一个"图层1"，接着载入"路径6"的选区，并用灰色填充选区，效果如图7-18所示。

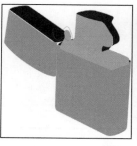 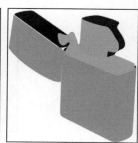

图7-17　　　　　　　　　　图7-18

18 在"图层1"的下一层新建一个"图层2"，然后载入"图层1"的选区，接着设置前景色为（R:81, G:80, B:75），最后按键盘上的方向键→，将选区向右移动一些像素，并用前景色填充选区，效果如图7-19所示。

19 使用"椭圆选框工具" ⊙ 绘制一个圆形选区，然后执行"选择>变换选区"菜单命令，调整其透视关系，效果如图7-20所示。

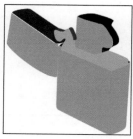 

图7-19　　　　　　　　　　图7-20

20 在图层组"防风罩"中的"图层1"的下一层新建一个图层组"轮"，然后在该图层组中新建一个"图层1"，接着使用灰色填充选区，效果如图7-21所示。

21 在"图层1"的下一层新建一个"图层2"，然后载入"图层1"的选区，接着前景色为（R:81, G:80, B:75），最后按键盘上的方向键→，将选区向右移动一些像素，并用前景色填充选区，效果如图7-22所示。

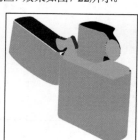 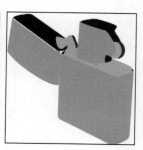

图7-21　　　　　　　　　　图7-22

7.1.2 制作外壳效果

01 在图层组"外壳"中的"图层1"的上一层新建一个"图层2"，然后设置前景色为（R:158，G:158，B:158），接着用前景色填充该图层，如图7-23所示。

图7-23

02 执行"滤镜>杂色>添加杂色"菜单命令，打开"添加杂色"对话框，然后设置"数量"为30%、"分布"为"平均分布"，具体参数设置如图7-24所示，效果如图7-25所示。

图7-24   图7-25

03 确定"图层2"为当前图层，执行"滤镜>模糊>动感模糊"菜单命令，打开"动感模糊"对话框，然后设置"距离"为50像素，具体参数设置如图7-26所示，效果如图7-27所示。

图7-26   图7-27

04 执行"滤镜>锐化>智能锐化"菜单命令，打开"智能锐化"对话框，然后设置"半径"为3.5像素，具体参数设置如图7-28所示，效果如图7-29所示。

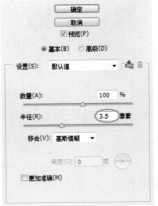

图7-28   图7-29

专家点拨

这3步滤镜操作是为了表现金属的拉丝效果，每个滤镜都有其特点，而配合起来就表现出了拉丝金属质感。

05 设置"图层2"的"混合模式"为"正片叠底"，如图7-30所示，效果如图7-31所示。

图7-30   图7-31

06 使用"矩形选框工具"绘制一个大小合适的矩形选区，然后单击"工具箱"中的"移动工具"按钮，接着执行"选择>变换选区"菜单命令，调整其透视关系，如图7-32所示。

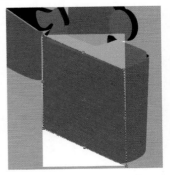

图7-32

07 保持选区状态，确定"图层2"为当前图层，执行"图层>新建>通过剪切的图层"菜单命令，剪切得到一个新图层"图层4"，如图7-33所示，效果如图7-34所示。

图7-33

图7-34

08 选择"图层2"图层，继续使用"矩形选框工具" 绘制一个矩形选区，如图7-35所示。

09 单击"工具箱"中的"移动工具"按钮，然后执行"编辑>自由变换"菜单命令，接着单击选项栏中的"在自由变换和变形模式之间切换"按钮，调整其透视关系，如图7-36所示。

图7-35

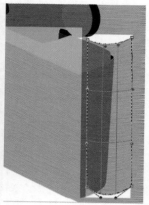

图7-36

10 采用相同的方法把"外壳"部分的3个拉丝金属纹理表面以3个图层制作出来，如图7-37所示。

11 载入"图层1"的选区，然后反选选区，接着分别在"图层3"、"图层4"和"图层5"中删除多余的内容，效果如图7-38所示。

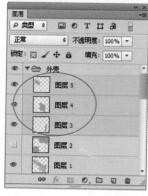

图7-37

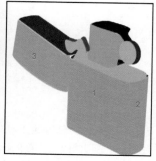

图7-38

12 确定"图层1"为当前图层，选择"减淡工具"，然后在选项栏中选择一种柔角笔刷，接着设置画笔"大小"为125像素、"范围"为"中间调"、"曝光度"为20%，如图7-39所示，最后将其绘制如图7-40所示的效果。

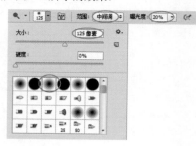

图7-39

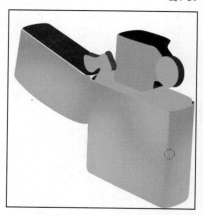

图7-40

13 合并"图层3"、"图层4"和"图层5"，并将合并后的图层更名为"图层2"，然后设置该图层的"不透明度"为30%，如图7-41所示，效果如图7-42所示。

图7-41

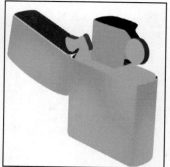

图7-42

专家点拨

在表现物体表面的叠加纹理时，如果纹理过于明显或不自然时，可以通过改变透明度或更改混合模式来进行改善。

14 在"图层2"的上一层新建一个"图层3"，然后使用"矩形选框工具"绘制出一个大小合适的矩形选区，并用白色填充选区，效果如图7-43所示。

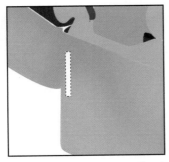

图7-43

15 执行"滤镜>模糊>动感模糊"菜单命令,打开"动感模糊"对话框,然后设置"角度"为90度、"距离"为150像素,具体参数设置如图7-44所示,效果如图7-45所示。

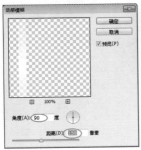

图7-44

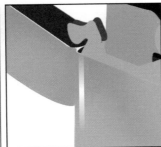

图7-45

16 按Ctrl+T组合键进入自由变换状态,然后按Shift键向上拖曳定界框的边控制点,将其等比例放大到如图7-46所示大小。

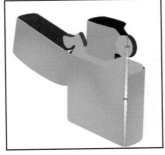

图7-46

17 复制出一个新图层"图层3副本",然后将其放置到"盖子"上,并删除多余的部分,接着合并"图层3"和"图层3副本",并将合并后的图层更名为"图层3",如图7-47所示,效果如图7-48所示。

图7-47

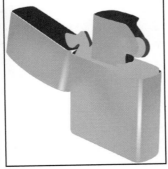

图7-48

7.1.3 制作防风罩

01 选择图层组"防风罩"中的"图层1",然后使用"减淡工具"将其绘制成如图7-49所示的效果。

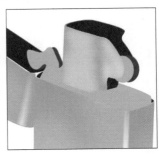

图7-49

02 载入"图层1"的选区,然后将选区移动到如图7-50所示的位置,接着反选选区,最后使用"减淡工具"绘制出边缘的高光效果,如图7-51所示。

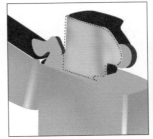

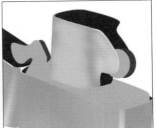

图7-50　　　　　　图7-51

03 新建一个路径"路径7",然后使用"钢笔工具"绘制一个如图7-52所示的路径。

04 在图层组"轮"中的"图层2"的下一层新建一个"图层3",然后载入"路径7"的选区,接着设置前景色为(R:182,G:182,B:182),最后使用前景色填充选区,效果如图7-53所示。

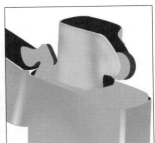

图7-52　　　　　　图7-53

05 确定"图层3"为当前图层,载入"图层2"的选区,然后按键盘上的方向键↑,将选区向上移动一些像素,如图7-54所示,接着使用"减淡工具"绘制出边缘的高光效果,如图7-55所示。

229

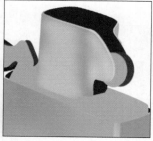

图7-54　　　　　　　　　图7-55

06 选择"图层2"图层，然后使用"加深工具" 绘制出"防风罩"内部背光效果，如图7-56所示。

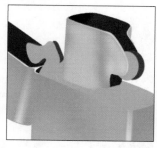

图7-56

7.1.4　绘制防风孔

01 在图层组"防风罩"中的最上层新建一个"图层4"，然后使用"椭圆选框工具" 绘制一个圆形选区，并用白色填充选区，效果如图7-57所示。

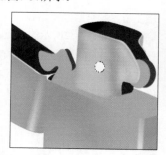

图7-57

02 保持选区状态，执行"选择>修改>收缩"菜单命令，打开"收缩选区"对话框，然后设置"收缩量"为2像素，如图7-58所示，效果如图7-59所示，接着删除选区中的内容，效果如图7-60所示。

图7-58

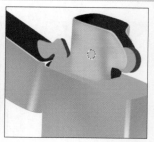

图7-59　　　　　　　　　图7-60

03 保持选区状态，在"图层4"的上一层新建一个"图层5"，然后设置前景色为（R:164，G:164，B:164），并用前景色填充选区，效果如图7-61所示。

图7-61

04 保持选区状态，按键盘上的方向键→，将其向右移动一些像素，如图7-62所示，然后删除选区中的内容，效果如图7-63所示。

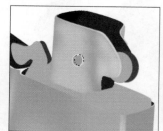

图7-62　　　　　　　　　图7-63

05 交替使用"减淡工具" 和"加深工具" 绘制出"防风孔"的立体效果，如图7-64所示。

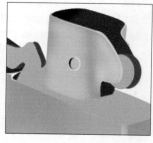

图7-64

06 按Ctrl+E组合键合并"图层4"与"图层5"，并将合并后的图层更名为"图层2"，如图7-65所示，然后调整其透视关系，效果如图7-66所示。

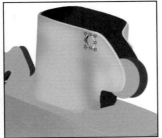

图7-65　　　　　　　　　　　图7-66

07 确定"图层2"为当前图层，按Ctrl+J组合键复制出7个副本图层，然后将这些副本图层分别放置在如图7-67所示的位置。

08 按Ctrl+E组合键合并制作"防风孔"的所有图层，然后将合并后的图层更名为"图层4"，如图7-68所示。

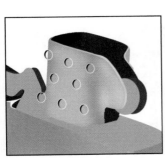

图7-67　　　　　　　　　　　图7-68

09 按住Shift键的同时使用"魔棒工具" 选中所有孔洞的中间部分，如图7-69所示，然后选择"图层1"，接着按Delete键将选区中的内容删除，效果如图7-70所示。

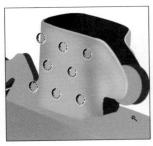

图7-69　　　　　　　　　　　图7-70

10 新 建 一 个 路 径 " 路 径8"，然后使用"椭圆工具" 绘制出6个椭圆路径，然后调整其透视关系，效果如图7-71所示。

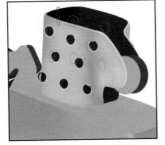

图7-71

11 确定"图层4"为当前图层，载入"路径8"的选区，然后按Delete键删除选区中的内容，效果如图7-72所示。

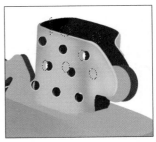

图7-72

12 保持选区状态，选择"防风罩"图层组中的"图层2"，然后按Delete键删除选区中内容，如图7-73所示，效果如图7-74所示。

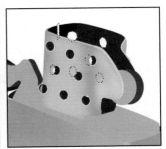

图7-73　　　　　　　　　　　图7-74

13 在"图层1"的下一层新建一个"图层5"，然后载入"图层1"的选区，接着执行"选择>修改>羽化"菜单命令，并在弹出的"羽化选区"对话框中设置"羽化半径"为5像素，如图7-75所示。

图7-75

14 保持选区状态，设置前景色为（R:62，G:55，B:55），然后使用"画笔工具" 绘制出"防风罩"的阴影部分，效果如图7-76所示。

图7-76

7.1.5 绘制轮

01 选择"轮"图层组中"图层1"，然后载入该图层的选区，接着执行"选择>修改>收缩"菜单命令，并在弹出的"收缩选区"对话框中设置"收缩量"为8像素，如图7-77所示，效果如图7-78所示。

图7-77

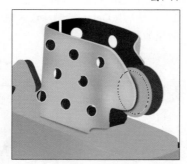

图7-78

02 保持选区，确定"图层1"为当前图层，按Ctrl+J组合键拷贝得到一个新图层"图层3"，如图7-79所示。

图7-79

03 载入"图层3"的选区，然后执行"选择>修改>收缩"菜单命令，打开"收缩选区"对话框，接着设置"收缩量"为2像素，如图7-80所示，效果如图7-81所示。

图7-80

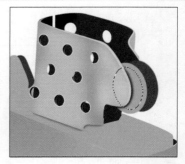

图7-81

04 保持选区状态，执行"选择>反向"菜单命令，然后交替使用"减淡工具" 和"加深工具" 将其绘制成如图7-82所示的效果。

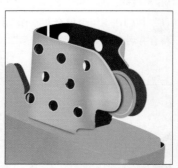

图7-82

05 在"图层3"的上一层新建一个"图层4"，然后设置前景色为（R:62，G:55，B:55），接着使用"画笔工具" 绘制一条如图7-83所示的直线。

06 使用"矩形选框工具" 绘制一个矩形选区框选住短直线的下半部分，如图7-84所示。

图7-83   图7-84

07 执行"选择>修改>羽化"菜单命令，打开"羽化选区"对话框，然后设置"羽化半径"为2像素，如图7-85所示。

图7-85

08 执行"图像>调整>色阶"菜单命令，打开"色阶"对话框，然后设置"输入色阶"为（0, 1.58, 255），具体参数设置如图7-86所示，效果如图7-87所示。

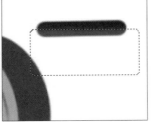

图7-86　　　　　　　　　　　　　　　　图7-87

09 按Ctrl+D组合键取消选区，然后执行"编辑>自由变换"菜单命令，接着按Ctrl键将图形按照如图7-88所示进行变形。

图7-88

10 按Alt键同时复制出若干副本图层，然后将其放置到相应的位置，并调整其透视关系，效果如图7-89所示，接着按Ctrl+E组合键合并这些图层，将合并后的图层更名为"图层4"，如图7-90所示。

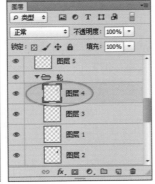

图7-89　　　　　　　　　　　　　　　　图7-90

专家点拨

　　按住Ctrl+Alt+Shift+T组合键可移动并复制图层，而且这种复制方法可以规则地排列这些图层。

7.1.6 制作铆钉

01 在图层组"防风罩"的下面新建一个图层组"铆钉"，然后在该组中新建一个"图层1"，如图7-91所示。

图7-91

02 设置前景色为（R:210，G:164，B:123），然后使用"椭圆选框工具"绘制一个圆形选区，并用前景色填充选区，效果如图7-92所示。

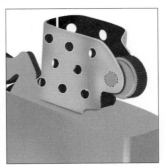

图7-92

03 保持选区状态，执行"选择>修改>收缩"菜单命令，打开"收缩选区"对话框，然后设置"收缩量"为2像素，如图7-93所示，效果如图7-94所示。

图7-93

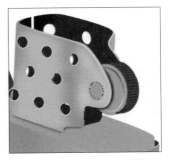

图7-94

04 按Ctrl+J组合键拷贝得到一个新图层"图层2"，如图7-95所示，然后载入"图层2"的选区，接着将其收缩2像素，如图7-96所示，效果如图7-97所示。

图7-95

图7-96

图7-97

05 保持选区状态，交替使用"减淡工具" 🔍和"加深工具" 🔍绘制出"铆钉"的亮部和暗部，效果如图7-98所示。

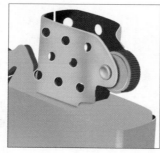

图7-98

专家点拨

若选区妨碍观察效果时，按Ctrl+H组合键可暂时隐藏选区，但选区依然存在，再次按Ctrl+H组合键可显示出选区。

06 在"图层1"的下一层新建一个"图层3"，然后载入"图层1"的选区，将选区羽化3像素，如图7-99所示，接着将选区向右移动一些像素，最后使用"画笔工具"🖌绘制出铆钉的阴影效果，如图7-100所示。

图7-99

图7-100

07 复制出3个新图层"图层1副本"、"图层2副本"和"图层3副本"，然后选中这3个副本图层将其合并为"图层2副本"图层，如图7-101所示。

08 按Ctrl+T组合键进入自由变换状态，然后按Shift键向左上方拖曳定界框的右下角的角控制点，将其等比例缩小到如图7-102所示的大小。

图7-101

图7-102

7.1.7 制作内胆

01 新建一个路径"路径9"，然后使用"钢笔工具"✒绘制出"内胆"上表面的路径，效果如图7-103所示。

图7-103

02 载入"路径9"的选区，如图7-104所示，然后选择图层组"内胆"中的"图层1"，接着按Ctrl+J组合键复制一个新图层"图层2"，如图7-105所示。

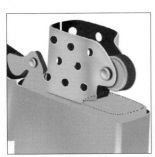

图7-104　　　　　　　　　　　　图7-105

03 载入"图层2"的选区，然后将其收缩2像素，如图7-106所示，接着使用"减淡工具" 🔍绘制出如图7-107所示的效果。

图7-106

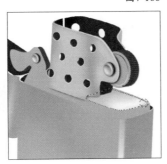

图7-107

04 保持选区状态，设置前景色为（R:77，G:53，B:42），然后选择"画笔工具" ✏️，接着在选项栏中设置"大小"为35像素、"不透明度"和"流量"为60%，如图7-108所示，最后绘制出阴影效果，如图7-109所示。

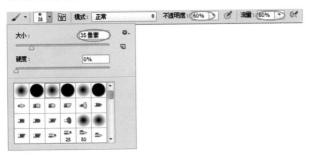

图7-108

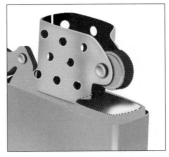

图7-109

05 载入"图层2"的选区，然后执行"选择>修改>扩展"菜单命令，接着在弹出的"扩展选区"对话框中设置"扩展量"为2像素，如图7-110所示。

图7-110

06 执行"选择>反向"菜单命令，然后选择"图层1"图层，接着使用"加深工具" 🖊️绘制出立体效果，如图7-111所示。

07 载入"图层1"选区，然后按Ctrl+Shift+I组合键反选选区，接着删除选区中的内容，效果如图7-112所示。

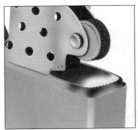

图7-111　　　　　　　　　　　　图7-112

08 确定"图层1"为当前图层，载入"图层2"的选区，并将其扩展2像素，如图7-113所示，然后使用"减淡工具" 🔍绘制出高光效果，效果如图7-114所示。

图7-113

图7-114

09 在"图层1"的下一层新建一个"图层3",然后载入"图层1"的选区,并将其羽化3像素,如图7-115所示。

图7-115

10 将选区向右移动一些像素,然后使用"画笔工具"绘制出连接"卡簧"处的阴影效果,效果如图7-116所示。

11 选择"图层1"图层,然后载入该图层的选区,接着将其向左移动一些像素,如图7-117所示。

图7-116   图7-117

12 按Ctrl+Shift+I组合键反选选区,然后使用"减淡工具"绘制出高光效果,效果如图7-118所示。

13 按Ctrl+D组合键取消选区,然后交替使用"加深工具"和"减淡工具"将"内胆"绘制成如图7-119所示的效果。

图7-118   图7-119

7.1.8 制作卡簧

01 选择图层组"卡簧"中"图层1",然后载入该图层的选区,并将选区向左移动一些像素,接着反选选区,最后使用"减淡工具"绘制出"卡簧"边缘的高光效果,效果如图7-120所示。

02 使用"多边形套索工具"绘制一个如图7-121所示的选区。

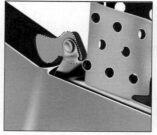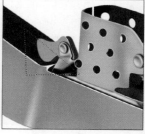

图7-120   图7-121

03 执行"选择>修改>羽化"菜单命令,打开"羽化选区"对话框,然后设置"羽化半径"为3像素,如图7-122所示,接着使用"加深工具"绘制出阴影效果,效果如图7-123所示。

图7-122

图7-123

04 选择"图层2"图层,然后交替使用"减淡工具"和"加深工具"将其绘制成如图7-124所示的效果。

图7-124

05 确定"图层2"为当前图层,执行"滤镜>杂色>添加杂色"菜单命令,打开"添加杂色"对话框,然后设置"数量"为2%,具体参数设置如图7-125所示,效果如图7-126所示。

图7-125   图7-126

专家点拨

　　因为"卡簧"的材质与其他部分不同，相对要粗糙一些，所以这里给它添加一些杂色。

06　在"背景"图层的上一层新建一个图层"内壳2"，然后载入图层"内壳"的选区，接着将选区扩展3像素，如图7-127所示，效果如图7-128所示。

图7-127

图7-128

07　设置前景色为（R:187，G:187，B:187），然后用前景色填充选区，以表现出"外壳"的厚度，效果如图7-129所示。

图7-129

08　确定当前图层为"内壳2"，暂时隐藏"内壳"图层，然后使用"减淡工具" 🔍 将其绘制成如图7-130所示的效果。

09　显示并选择"内壳"图层，然后使用"加深工具" 🔍 将其绘制成如图7-131所示的效果。

图7-130　　　　　　　　图7-131

7.1.9　制作火石

01　在图层组"轮"中的下一层新建一个图层组"火石"，然后在该组中新建一个"图层1"，接着使用"椭圆选框工具" 🔲 绘制一个大小合适的圆形选区，最后设置前景色为（R:86，G:66，B:55），并用前景色填充选区，效果如图7-132所示。

图7-132

02　保持选区状态，将其收缩5像素，如图7-133所示，然后按Ctrl+J组合键复制一个新图层"图层2"，如图7-134所示。

图7-133

图7-134

03　选择"图层1"图层，然后交替使用"减淡工具" 🔍 和"加深工具" 🔍 绘制出如图7-135所示的效果。

图7-135

04　选择"图层2"图层，然后载入该图层的选区，并将其收缩2像素，如图7-136所示，接着反选选区，最后交替使用"减淡工具"  和"加深工具"  绘制出边缘的高光和阴影，效果如图7-137所示。

图7-136

图7-137

05 打开"渐变编辑器"对话框，接着设置第1个色标的颜色为（R:123，G:95，B:81）、第2个色标的颜色为（R:196，G:154，B:132）、第3个色标的颜色为（R:96，G:74，B:62），如图7-138所示。

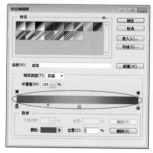

图7-138

06 在"图层2"的上一层新建一个"图层3"，然后使用"矩形选框工具"  绘制一个如图7-139所示的矩形选区，接着从左向右为选区填充使用径向渐变色，效果如图7-140所示。

图7-139

图7-140

07 选择"图层2"图层，并载入该图层的选区，然后反选选区，接着使用"橡皮擦工具"  擦去多余的部分，效果如图7-141所示。

图7-141

08 按Ctrl+J组合键复制出一个新图层"图层2副本"，并将其拖曳到"图层2"的上一层，如图7-142所示，然后按Ctrl+T组合键进入自由变换状态，接着按Shift键向左上方拖曳定界框右下角的角控制点，将其等比例缩小到如图7-143所示大小。

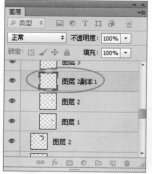

图7-142   图7-143

7.1.10 添加阴影效果

01 在"背景"图层的上一层新建一个图层"阴影"，然后新建一个路径"路径10"，接着使用"钢笔工具"  绘制出"阴影"路径，如图7-144所示。

图7-144

02 载入"路径10"的选区，然后将其羽化10像素，如图7-145所示，接着使用黑色填充选区，效果如图7-146所示。

图7-145

图7-146

03 设置该图层的"不透明度"为60%，如图7-147所示，然后使用"橡皮擦工具" 擦去一部分阴影，效果如图7-148所示。

图7-147

图7-148

04 选择"背景"图层，然后打开"渐变编辑器"对话框，接着设置第1个色标的颜色为（R:75，G:77，B:82）、第2个色标的颜色为（R:205，G:206，B:210），如图7-149所示，最后按照如图7-150所示的方向为"背景"图层填充使用径向渐变色。

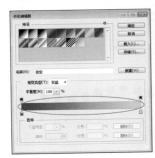

图7-149

图7-150

05 到此，"ZIPPO打火机"就制完成了，最终效果如图7-151所示。

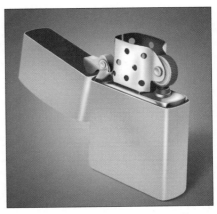

图7-151

7.2 运动手表

本例设计的运动手表效果。

实例位置：光盘>实例文件>CH07>7.2.psd
难易指数：★★★☆☆
技术掌握：掌握运动手表的设计思路与方法

7.2.1 绘制表盘外形

01 启动Photoshop CS6，按Ctrl+N组合键新建一个"运动手表"文件，具体参数设置如图7-152所示。

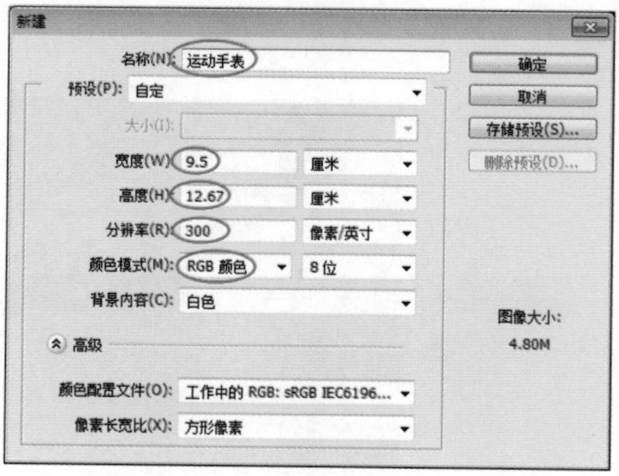

图7-152

02 新建一个"路径1",然后按住Shift键的同时使用"椭圆工具" ⊙ 绘制一个如图7-153所示的圆形路径。

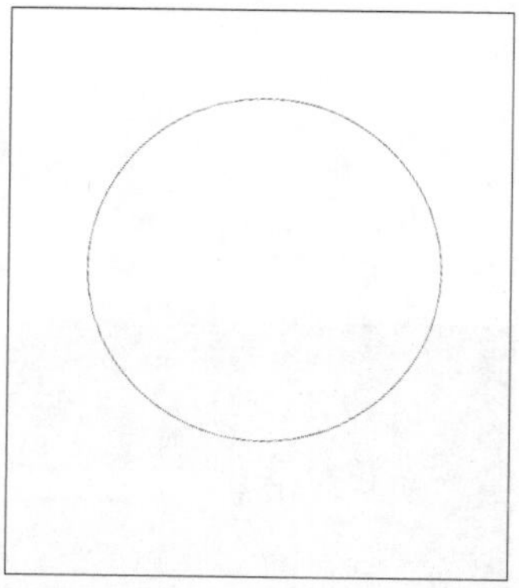

图7-153

03 载入"路径1"的选区,然后执行"选择>修改>收缩"菜单命令,接着在弹出的"收缩选区"对话框中设置"收缩量"为3像素,如图7-154所示,效果如图7-155所示。

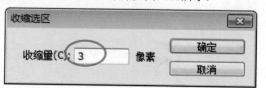

图7-154

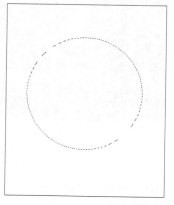

图7-155

04 保持选区状态,新建一个"图层1",然后使用黑色填充该图层,效果如图7-156所示。

图7-156

05 单击"工具箱"中的"橡皮擦工具"按钮 ⊘ ,然后在选项栏中设置"大小"为20像素、"不透明度"和"流量"为100%,如图7-157所示,接着单击选项栏中的"切换画笔面板"按钮 ,打开"画笔"面板,最后设置"间距"为150%,具体参数设置如图7-158所示。

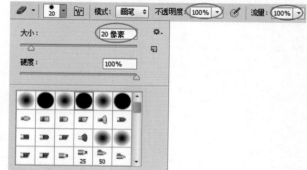

图7-157

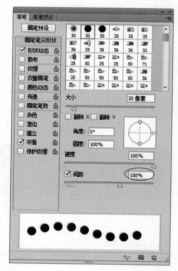

图7-158

06 选择"路径1",然后单击"工具箱"中的"钢笔工具"按钮，接着在绘图区域中单击右键，在弹出的菜单中选择"描边路径"命令，如图7-159所示，最后在弹出的"描边路径"对话框中设置"工具"为"橡皮擦"，如图7-160所示，效果如图7-161所示。

08 确定"图层1"为当前图层，载入"路径1"的选区，然后执行"选择>变换选区"菜单命令，接着按住Shift+Alt组合键的同时将其进行如图7-163所示的变换，最后按Delete键删除选区内的像素，效果如图7-164所示。

图7-163　　　　　　　　图7-164

09 选择"图层2"图层，然后载入该图层的选区，接着执行"选择>修改>收缩选区"菜单命令，并在弹出的"收缩选区"对话框中设置"收缩量"为10像素，如图7-165所示，效果如图7-166所示，最后按Ctrl+J组合键将选区内的像素拷贝并粘贴到一个新的"图层3"中。

图7-159

图7-160

图7-165

图7-166

图7-161

07 载入"路径1"的选区，然后执行"选择>变换选区"菜单命令，接着按住Shift+Alt组合键的同时将其缩小到如图7-162所示的大小，最后按Ctrl+J组合键将选区内的像素拷贝并粘贴到一个新的"图层2"中。

10 选择"图层1"图层，然后执行"滤镜>风格化>浮雕效果"菜单命令，并在弹出的"浮雕效果"对话框中设置"角度"为142度、"高度"为4像素、"数量"为50%，具体参数设置如图7-167所示，效果如图7-168所示。

图7-162

图7-167　　　　　　　图7-168

11 继续对"图层2"和"图层3"重复使用"浮雕效果"滤镜，效果如图7-169所示，然后将"图层3"和"图层2"合并为"图层2"。

图7-169

12 在"图层2"的上一层新建一个"图层3"，然后载入"路径1"的选区，接着执行"选择>修改>变换选区"菜单命令，并按住Shift+Alt组合键的同时将其进行如图7-170所示的变换，最后设置前景色为（R:73，G:73，B:73），并用前景色填充选区，效果如图7-171所示。

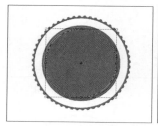

图7-170   图7-171

13 在"背景"图层的上一层新建一个"图层4"，然后载入"路径1"的选区，接着设置前景色为（R:33，G:33，B:33），最后用前景色填充选区，效果如图7-172所示。

图7-172

专家点拨

下面需要管理下图层，首先单击"图层"面板下面的"创建新组"按钮，分别创建出4个图层组："表针"、"表盘"、"表壳"和"表带"，然后同时选择除"背景"图层外的4个图层，并将其拖曳到"表盘"图层组中，如图7-173所示。

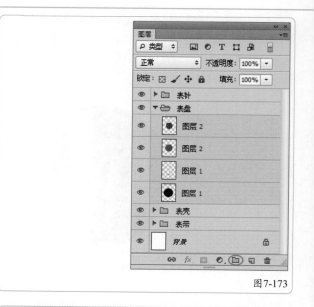

图7-173

7.2.2 绘制表壳外形

01 在"表壳"图层组中新建一个"图层5"，并新建一个"路径2"，然后使用"钢笔工具"绘制出如图7-174所示的路径。

02 载入"路径2"的选区，然后设置前景色为（R:150，G:150，B:150），接着用前景色填充选区，效果如图7-175所示。

图7-174   图7-175

03 新建一个"路径3"，然后使用"圆角矩形工具"绘制一个如图7-176所示的圆角矩形路径。

04 确定"图层5"为当前图层，载入"路径3"的选区，然后按Delete键删除选区内的像素，效果如图7-177所示。

图7-176   图7-177

05 新建一个"路径4"，然后使用"钢笔工具"绘制出如图7-178所示的路径，接着在"图层5"的上一层新建一个"图层6"，最后载入"路径4"的选区，并用前景色填充选区，效果如图7-179所示。

图7-178　　　　　　　　　　　图7-179

[06] 新建一个"路径5"，然后使用"钢笔工具" ✐ 绘制一个如图7-180所示的路径，接着载入该路径的选区，最后按Delete键删除"图层6"选区内的像素，效果如图7-181所示。

图7-180　　　　　　　　　　　图7-181

[07] 在"图层6"的上一层新建一个"图层7"，并用前景色填充该图层，然后执行"滤镜>杂色>添加杂色"菜单命令，并在弹出的"添加杂色"对话框中设置"数量"为6%，如图7-182所示，效果如图7-183所示。

图7-182　　　　　　　　　　　图7-183

[08] 确定"图层7"为当前图层，执行"滤镜>模糊>径向模糊"菜单命令，然后在弹出的"径向模糊"对话框中设置"数量"为12，如图7-184所示，效果如图7-185所示。

[09] 确定"图层7"为当前图层，载入"图层5"的选区，然后按Ctrl+J组合键将选区内的像素拷贝并粘贴到一个新的"图层8"中，并将该图层放置在"图层7"的上一层，此时的"图层"面板如图7-186所示。

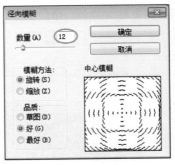

图7-184　　　　　　　　　　　图7-185

图7-186

[10] 确定"图层8"为当前图层，执行"滤镜>渲染>光照效果"菜单命令，然后在弹出的"光照效果"对话框中选择"纹理"为"绿"、"高度"为-2，接着设置"光照类型"为"聚光灯"、"强度"为48、"聚光"为78、"曝光度"为-25、"金属质感"为69、"环境"为8，具体参数设置如图7-187所示，效果如图7-188所示。

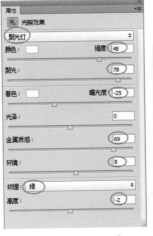

图7-187　　　　　　　　　　　图7-188

[11] 载入"图层8"的选区，然后执行"选择>修改>收缩"菜单命令，接着在弹出的"收缩选区"对话框中设置"收缩量"为3像素，如图7-189所示，效果如图7-190所示。

图7-189

图7-190

图7-195

图7-196

12 按Shift+F6组合键打开"羽化半径"对话框，然后在弹出的"羽化选区"对话框中设置"羽化半径"为5像素，如图7-191所示。

图7-191

15 按Ctrl+Shift+I组合键反选选区，然后选择"加深工具" ，接着在选项栏中设置"范围"为"中间调"、"曝光度"为25%，如图7-197所示，最后加深一下边缘，效果如图7-198所示。

图7-197

13 暂时隐藏"图层7"，然后按Shift+Ctrl+I组合键反选选区，接着按Delete键删除多余的像素，最后设置"图层8"的"混合模式"为"线性光"，如图7-192所示，效果如图7-193所示。

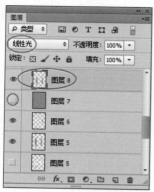

图7-192   图7-193

图7-198

16 采用同样的方法对"图层6"进行相同的处理，效果如图7-199所示。

14 确定"图层5"为当前图层，并载入该图层的选区，然后将选区收缩2像素，接着将选区羽化1像素，如图7-194和图7-195所示，效果如图7-196所示。

图7-194

图7-199

17 将"图层8"和"图层5"合并为"图层5"，然后将"图层6"和"图层9"合并为"图层6"，并删除多余的"图层7"，此时的"图层"面板如图7-200所示。

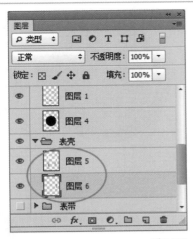

图7-200

图7-203

7.2.3 制作上弦钮

01 新建一个文件，具体参数设置如图7-201所示。

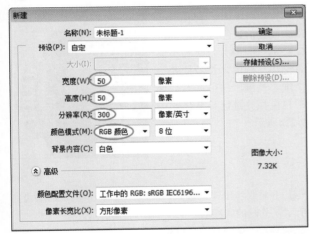

图7-201

02 单击"工具箱"中的"画笔工具"按钮 ，然后在选项栏中选择一种硬边笔刷，接着设置"大小"为9像素、"不透明度"和"流量"为100%，如图7-202所示，最后按住Shift键的同时在绘图区域中绘制出3条等距离的直线，如图7-203所示。

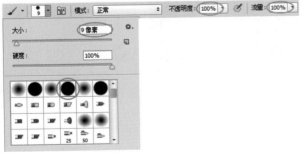

图7-202

专家点拨

按住Ctrl键，用鼠标单击预览区域，图像放大；按住Alt键，用鼠标单击预览区域，图像缩小。

03 执行"滤镜>模糊>高斯模糊"菜单命令，然后在弹出的"高斯模糊"对话框中设置"半径"为2像素，如图7-204所示，效果如图7-205所示。

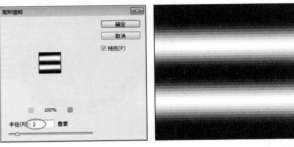

图7-204   图7-205

04 执行"编辑>定义图案"菜单命令，然后在弹出"图案名称"对话框中单击"确定"按钮，如图7-206所示。

图7-206

05 切换到"运动手表"操作界面，在"表壳"图层组中的"图层6"的下一层新建一个"图层7"，然后使用"矩形选框工具" 绘制一个如图7-207所示的矩形选区。

图7-207

245

06 单击"工具箱"中的"油漆桶工具"按钮，然后在选项栏中选择"填充类型"为"图案"，接着打开"图案选择"预览框，选择上面定义好的图案，如图7-208所示，最后在选区中单击鼠标，用图案填充选区，效果如图7-209所示。

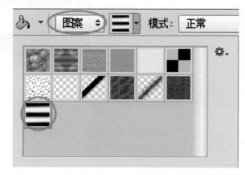

图7-208

图7-209

07 确定"图层7"为当前图层，按Ctrl+T组合键进入自由变换状态，然后按Ctrl键将图形按照如图7-210所示进行调整。

图7-210

08 新建一个"路径6"，然后使用"钢笔工具"绘制一条如图7-211所示的路径，接着载入该路径的选区，并反选选区，最后按Delete键删除选区内的像素，效果如图7-212所示。

09 在"图层7"的下一层新建一个"图层8"，然后使用"椭圆选框工具"绘制一个如图7-213所示的椭圆选区。

图7-211   图7-212

图7-213

10 设置前景色为（R:158，G:158，B:158），然后用前景色填充选区，接着绘制一个细小的椭圆选区，最后使用白色填充选区，效果如图7-214所示

图7-214

11 下面制作出背景效果，观察下整体效果，如图7-215所示，此时的"图层"面板如图7-216所示。

图7-215   图7-216

7.2.4 制作表带

01 在"表带"图层组中新建一个"图层9"，然后使用"矩形选框工具"绘制一个如图7-217所示的矩形选

区，接着设置前景色为（R:30，G:30，B:30），最后用前景色填充选区，效果如图7-218所示。

图7-217　　　　　　　　　　　　图7-218

02 执行"滤镜>像素化>彩色半调"菜单命令，然后为选区添加一个系统默认的"彩色半调"滤镜命令，效果如图7-219所示。

图7-219

03 执行"滤镜>模糊>形状模糊"菜单命令，然后在弹出的"形状模糊"对话框中选择"爪印（猫）"形状，接着设置"半径"为6像素，如图7-220所示，效果如图7-221所示。

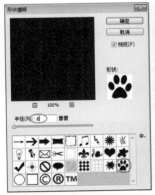

图7-220　　　　　　　　　　　　图7-221

　　"形状模糊"滤镜是采用指定的内核来创建模糊，从自定义形状预设列表中选择一种内核，并使用"半径"滑块来调整其大小。单击"形状模糊"对话框中的❀图标，在弹出的列表中进行选择，可以载入不同的形状库。半径决定了内核的大小，内核越大，模糊效果越好。

04 确定"图层9"为当前图层，按Ctrl+U组合键打开"色相/饱和度"对话框，然后设置"饱和度"为-26、"明度"为-5，具体参数设置如图7-222所示，效果如图7-223所示。

图7-222

图7-223

05 载入"图层9"的选区，然后执行"选择>修改>收缩"菜单命令，并在弹出的"收缩选区"对话框中设置"收缩量"为4像素，如图7-224所示的，效果如图7-225所示。

图7-224

图7-225

06 按Shift+F6组合键打开"羽化选区"对话框，然后在弹出的"羽化选区"对话框中设置"羽化半径"为3像素，具体参数设置如图7-226所示。

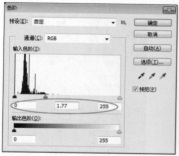

图7-226

07 保持选区状态，并反选选区，然后按Ctrl+L组合键打开"色阶"对话框，接着在弹出的"色阶"对话框中设置"输入色阶"为（0，1.77，255），具体参数设置如图7-227所示，效果如图7-228所示。

图7-227　　　　　图7-228

08 使用"矩形选框工具"绘制一个大小合适的矩形选区，然后按住Shift键的同时绘制一个大小相同的矩形选区，如图7-229所示。

图7-229

09 按Shift+F6组合键打开"羽化选区"对话框，然后在弹出的"羽化选区"对话框中设置"羽化半径"为3像素，具体参数设置如图7-230所示。

图7-230

若绘制矩形选区时，不好控制矩形选区的大小，可先使用"矩形工具"绘制一个大小合适矩形路径，然后复制出一个同样的矩形路径，如图7-231所示。

图7-231

10 保持选区状态，按Ctrl+L组合键打开再次执行"色阶"菜单命令，效果如图7-232所示。

图7-232

11 在"图层9"的上一层新建一个"图层10"和一个"图层11"，然后使用"圆角矩形工具"绘制一个如图7-233所示的圆角矩形路径。

12 确定"图层10"为当前图层，载入路径的选区，然后设置前景色为（R:103，G:103，B:103），接着用前景色填充选区，效果如图7-234所示。

图7-233　　　　　图7-234

13　保持选区状态，选择"图层11"图层，然后按Shift+F6组合键打开"羽化选区"对话框，接着在弹出的"羽化选区"对话框中设置"羽化半径"为10像素，如图7-235所示，最后使用白色填充选区，效果如图7-236所示。

图7-235　　　　　　　图7-236

14　载入"图层11"的选区，然后单击"通道"面板下面的"将选区储存为选区"按钮 ▣，将选区储存为通道，如图7-237所示，效果如图7-238所示。

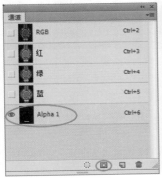

图7-237　　　　　　　图7-238

15　选择"图层10"图层，然后执行"滤镜>渲染>光照效果"菜单命令，然后在弹出的"光照效果"对话框中选择"纹理"为Alpha1、"高度"为42，接着设置"光照类型"为"点光"、"强度"为34、"环境"为8，具体参数设置如图7-239所示，效果如图7-240所示。

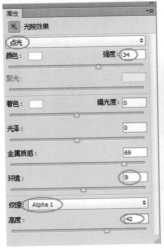

图7-239　　　　　　　图7-240

若要在"光照效果"对话框内复制光源，可先按住Alt键，然后再拖动光源即可实现复制。

16　确定"图层10"为当前图层，按Ctrl+M组合键打开"曲线"对话框，然后将曲线编辑成如图7-241所示的样式，效果如图7-242所示，完成后删除"图层11"图层。

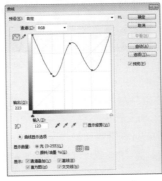

图7-241　　　　　　　图7-242

17　在"图层10"的下一层新建一个"图层11"，然后使用"钢笔工具" ✐ 绘制一个如图7-243所示的路径，接着载入路径的选区，最后设置前景色为（R:121，G:121，B:121），并用前景色填充选区，效果如图7-244所示。

图7-243　　　　　　　图7-244

18　确定"图层11"为当前图层，载入"图层9"的选区，然后删除选区内的像素，如图7-245所示。

图7-245

19 按Ctrl+E组合键将"图层11"和"图层10"合并为"图层10",然后交替使用"加深工具" 和"减淡工具" 绘制金属扣的高光和暗部区域,效果如图7-246所示。

图7-246

20 确定"图层10"为当前图层,按Ctrl+Alt+T组合键进入自由变换并复制状态,然后在选项栏中设置垂直缩放比例为-100%,如图7-247所示,接着将变换中心放置在手表的中心位置,如图7-248所示,最后按Enter键确认操作。

图7-247

图7-248

21 将"图层10"和"图层10副本"合并为"图层10",到此,表带就制作完成了,效果如图7-249所示,此时的"图层"面板如图7-250所示。

图7-249

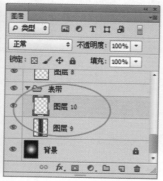

图7-250

7.2.5 制作刻度盘

01 在"表盘"图层组的上一层新建一个"刻度盘"图

层组,然后在该图层组中新建一个"图层11",接着使用"矩形选框工具" 绘制一个如图7-251所示的矩形选区,最后使用白色填充选区。

02 同时选择"图层11"和"图层3",然后单击"工具箱"中的"移动工具"按钮 ,接着单击选项栏中的"水平居中对齐"按钮 ,将两个图形进行对齐操作,如图7-252所示。

图7-251　　　　　　　　　图7-252

03 确定"图层11"为当前图层,按Ctrl+Alt+T组合键进入自由变换并复制状态,然后在选项栏中设置旋转为30度,如图7-253所示,接着按Enter键确认操作,效果如图7-254所示。

04 连续按4次Shift+Ctrl+Alt+T组合键按照上一步的复制规律继续复制图形,效果如图7-255所示,然后将"图层11"至"图层11副本5"全部选中,并将其合并为"图层11"。

图7-253

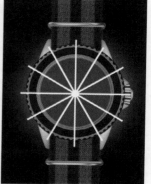

图7-254　　　　　　　　　图7-255

05 载入"路径1"的选区,然后执行"选择>修改>收缩"菜单命令,并在弹出的"收缩选区"对话框中设置"收缩量"为20像素,如图7-256所示,接着反选选区,最后按Delete键删除选区内的像素,效果如图7-257所示。

图7-256

图7-257

06 确定"图层11"为当前图层，载入"图层2"选区，然后执行"选择>修改>扩展"菜单命令，接着在弹出的"扩展选区"对话框中设置"扩展量"为3像素，如图7-258所示，最后按Delete键删除选区内的像素，效果如图7-259所示。

图7-258

图7-259

07 采用相同的方法制作出更精细的刻度，如图7-260所示。

图7-260

08 确定"图层11"为当前图层，载入"图层3"的选区，然后执行"选择>修改>收缩"菜单命令，并在弹出的"收缩选区"对话框中设置"收缩量"为2像素，如图7-261所示，接着反选选区，最后按Delete键删除选区内的像素，效果如图7-262所示。

图7-261

图7-262

09 再次载入"图层3"的选区，然后执行"选择>修改>收缩"菜单命令，接着在弹出的"收缩选区"对话框中设置"收缩量"为12像素，如图7-263所示，最后按Delete键删除选区内的像素，效果如图7-264所示。

图7-263

图7-264

10 使用"横排文字工具" T. 在刻度上输入阿拉伯数字3、6、9和12，如图7-265所示，然后将这些文字图层栅格化，并将其合并为"数字"图层。

图7-265

⑪ 选择"图层11"图层，然后使用"矩形选框工具"□绘制出如图7-266所示的选区，接着按Delete键删除选区内的像素，效果如图7-267所示。

图7-266　　　　　　　　　　　图7-267

⑫ 在"数字"图层的上一层新建一个"图层13"，然后使用"钢笔工具"②、"椭圆工具"○和"矩形工具"□绘制出如图7-268所示的路径。

⑬ 设置前景色为（R:118，G:220，B:226），然后载入路径的选区，接着用前景色填充选区，效果如图7-269所示。

图7-268　　　　　　　　　　　图7-269

⑭ 载入"图层13"的选区，然后执行"编辑>描边"菜单命令，并在弹出的"描边"对话框中设置"宽度"为2

像素、"颜色"为（R:228，G:226，B:173）、"位置"为"内部"，具体参数设置如图7-270所示，效果如图7-271所示。

图7-270　　　　　　　　　　　图7-271

⑮ 使用"横排文字工具"T.在合适的区域输入相应的文字信息，然后设置该图层的"混合模式"为"叠加"，如图7-272所示，效果如图7-273所示，此时的"路径"面板如图7-274所示。

图7-272　　　　　　　　　　　图7-273

图7-274

7.2.6 制作表针

① 新建3个路径："路径11"、"路径12"和"路径13"，然后使用"钢笔工具"②和"椭圆工具"○绘制

出分针、时针、秒针的路径，如图7-275所示。

图7-275

02 在"表针"图层组中的上一层新建一个"时针"图层，然后载入"路径11"的选区，接着执行"编辑>描边"菜单命令，最后在弹出的"描边"对话框中设置"宽度"为2像素、"颜色"为白色、"位置"为"内部"，具体参数设置如图7-276所示，效果如图7-277所示。

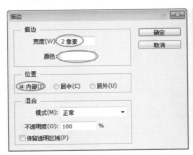

图7-276   图7-277

03 使用"钢笔工具" 绘制一个如图7-278所示的蝴蝶路径，然后设置"画笔工具" 的"大小"为2像素，接着单击"路径"面板下面的"用画笔描边路径"按钮，效果如图7-279所示。

图7-278   图7-279

04 使用"魔棒工具" 选择如图7-280所示的区域，然后使用白色填充选区，接着在"图层14"的下一层新建一个"图层15"，最后设置前景色为(R:158, G:23, B:228)，载入"路径11"的选区，并使用前景色填充选区，效果如图7-281所示。

图7-280

图7-281

05 选择"图层14"图层，然后执行"图层>图层样式>投影"菜单命令，打开"图层样式"对话框，接着设置"距离"为0像素、"大小"为5像素，具体参数设置如图7-282所示，效果如图7-283所示。

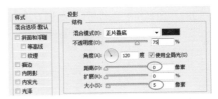

图7-282

图7-283

06 采用相同的方法制作出分针和秒针，完成后的效果如图7-284所示，此时的"图层"面板如图7-285所示。

图7-284   图7-285

7.2.7 调整整体色调

01 选择"图层1"图层,然后按Ctrl+U组合键打开"色相/饱和度"对话框,接着勾选"着色"选项,最后设置"色相"为251、"饱和度"为22、"明度"为11,具体参数设置如图7-286所示。

图7-286

02 单击"预设选项" 按钮,然后在弹出的下拉菜单中选择"存储预设"选项,将该参数存储起来,如图7-287和图7-288所示,效果如图7-289所示。

图7-287

图7-288

图7-289

03 选择"图层2"图层,然后按Ctrl+U组合键打开"色相/饱和度"对话框,接着单击"预设选项" 按钮,最后在弹出的下拉菜单中选择"载入预设"选项,如图7-290所示,并在弹出的"载入"对话框中选择上一层存储的参数设置,如图7-291所示,效果如图7-292所示。

图7-290

图7-291

图7-292

04 采用步骤(2)的方法为其他部分进行着色,完成后的效果如图7-293所示。

图7-293

7.2.8 添加细节效果

01 选择"表盘"图层组中的"图层3"，然后使用"椭圆选框工具" ○.绘制一个如图7-294所示的椭圆选区，接着按Ctrl+J组合键将选区内的像素拷贝并粘贴到一个新的"图层14"中。

图7-294

02 确定"图层14"为当前图层，执行"图层>图层样式>投影"菜单命令，打开"图层样式"对话框，然后设置"距离"为0像素、"大小"为5像素，具体参数设置如图7-295所示，效果如图7-296所示。

图7-295

图7-296

03 在"图层14"的上一层新建一个"图层15"，然后使用"椭圆选框工具" ○.绘制一个如图7-297所示的椭圆选区，并用白色填充选区，接着设置该图层的"混合模式"为"叠加"、"不透明度"为25%，如图7-298所示，最后为该图层添加"投影"样式，效果如图7-299所示。

图7-297

图7-298

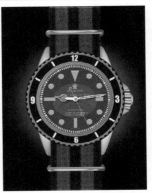

图7-299

专家点拨 该步骤的中的"投影"样式的参数设置同步骤（2）相同。

04 在"刻度盘"中的"商标"图层的上一层新建一个"图层16"，然后载入"图层3"的选区，并将该选区羽化5像素，如图7-300所示，接着设置前景色为（R:144，G:173，B:248），并用前景色填充选区，效果如图7-301所示。

图7-300

图7-301

05 设置该图层的"混合模式"为"柔光"，如图7-302所示，效果如图7-303所示。

图7-302

255

图7-303

06 使用"减淡工具" 🔍和"加深工具" 🔍制作出一些细节，最终效果如图7-304所示。

图7-304

7.3 课后练习1：智能手机

本例设计的智能手机效果。

实例位置：光盘>实例文件>CH07>7.3.psd
难易指数：★★★☆☆
技术掌握：掌握智能手机的设计思路与方法

步骤分解如图7-305所示。

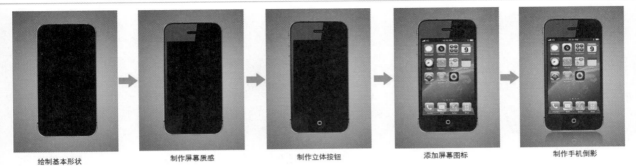

绘制基本形状　　制作屏幕质感　　制作立体按钮　　添加屏幕图标　　制作手机倒影

图7-305

7.4 课后练习2：口红

本例设计的口红效果。
实例位置：光盘>实例文件>CH07>7.4.psd
难易指数：★★★☆☆
技术掌握：掌握口红的设计思路与方法

步骤分解如图7-306所示。

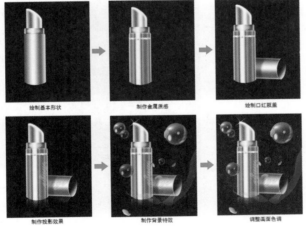

绘制基本形状　　制作金属质感　　绘制口红瓶盖

制作投影效果　　制作背景特效　　调整画面色调

图7-306

7.5 本章小结

　　本章主要使用图层样式来表现物体的光滑质感，在表现该质感时，必须要考虑到物体的不透明度、光滑度、反射光线和折射光线等，同一物体在不同的背景中的效果是不同的，这就需要对物体的质感有深刻的了解，这样才能表现出真实的效果。

第8章

系列特效

本例设计的"裂"特效效果。

实例位置：光盘>实例文件>CH08>8.1.psd
难易指数：★★☆☆☆
技术掌握：掌握"裂"特效的设计思路与方法

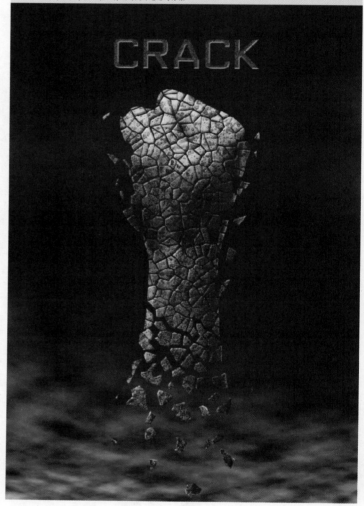

本章导读

　　一幅有创意的平面作品常常离不开素材的合成与特效的制作，要达到这些效果，对于功能强大的Photoshop来说，并不会是想象中这么难。在本章节中，将用4个"手"系列的案例来讲解一些特殊效果的制作技巧，这对Photoshop爱好者来说，无疑是一个极具诱惑的美味大餐。

Learning Objectives

 "液化"滤镜的使用方法和技巧

 自由变换功能的使用方法和技巧

自由变换功能的使用方法和技巧

调色功能的使用方法和技巧

8.1.1 合成手的质感

01 启动Photoshop CS6，按Ctrl+N组合键新建一个"裂"文件，具体参数设置如图8-1所示。

02 打开光盘中的"光盘>素材文件>CH04>素材05-1.jpg"文件，然后使用"魔棒工具"选择白色背景，接着按Shift+Ctrl+I组合键反选选区，如图8-2所示，最后按Ctrl+C组合键复制选区中的图像。

03 返回到"裂"操作界面中，然后按Ctrl+V组合键粘贴图像，接着将新生成的图层更名为"手"图层，最后用黑色填充"背景"图层，效果如图8-3所示。

图8-1

05 按Ctrl+Alt+G组合键将其设置为"手"图层的剪贴蒙版，然后设置该图层的"混合模式"为"正片叠底"、"不透明度"为80%，如图8-5所示，效果如图8-6所示。

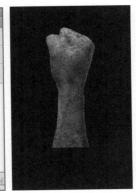

图8-5　　　　　　　　　　图8-6

06 创建一个"渐变映射"调整图层，然后在"属性"面板中编辑出一种黑白渐变，如图8-7所示，接着按Ctrl+Alt+G组合键将其设置为"手"图层的剪贴蒙版，如图8-8所示，效果如图8-9所示。

图8-7

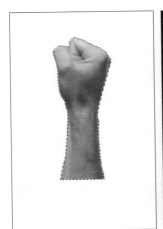

图8-2　　　　　　　图8-3

04 打开光盘中的"光盘>素材文件>CH04>素材05-2.jpg"文件，并将新生成的图层命名为"斑驳"，然后调整好其大小和位置，使其遮盖住手，如图8-4所示。

图8-4

图8-8　　　　　　　　　　图8-9

专家点拨

　　使用"渐变映射"调整图层制作去色效果，可以更好地保留原效果的细节。

07 创建一个"亮度/对比度"调整图层，然后在"属性"面板中设置"亮度"为50、"对比度"为100，如图8-10所示，接着按Ctrl+Alt+G组合键将其设置为"手"图层的剪贴蒙版，如图8-11所示，效果如图8-12所示。

组合键将其设置为"手"图层的剪贴蒙版，如图8-14所示，效果如图8-15所示。

图8-10

图8-13

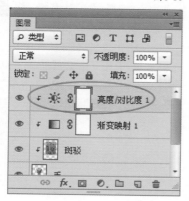

图8-11

图8-14

图8-12

图8-15

08 创建一个"色相/饱和度"调整图层，然后在"属性"面板中勾选"着色"选项，接着设置"色相"为70、"饱和度"为15，如图8-13所示，最后按Ctrl+Alt+G

8.1.2 制作裂纹特效

01 暂时隐藏"背景"图层，然后按Shift+Ctrl+Alt+E组合键将可见图层盖印到一个"手1"图层中，接着选中"手"图层和所属"手"图层的剪贴蒙版，按Ctrl+G组合键为其创建一个图层组，并将该图层组更名为"手处理"，如图8-16所示，效果如图8-17所示。

03 按D键还原默认的前景色和背景色，然后执行"滤镜>渲染>云彩"菜单命令，效果如图8-19所示。

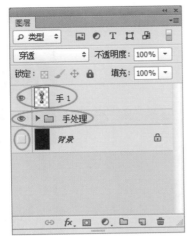

图8-16

图8-19

04 保持选区状态，执行"滤镜>像素化>晶格化"菜单命令，然后在弹出的"晶格化"对话框中设置"单元格大小"为90，如图8-20所示，效果如图8-21所示。

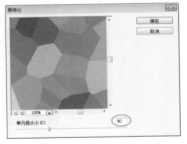

图8-20

图8-17

02 显示"背景"图层，然后新建一个"裂纹"图层，接着使用"矩形选框工具" ▢ 绘制一个如图8-18所示的矩形选区。

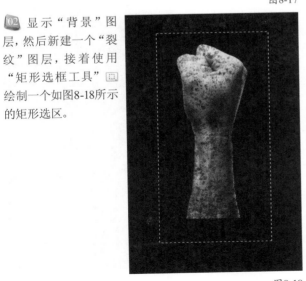

图8-18

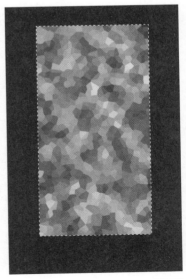

图8-21

05 执行"滤镜>滤镜库"菜单命令,打开"滤镜库"对话框,然后在"风格化"滤镜组下选择"照亮边缘"滤镜,接着设置"边缘宽度"为5、"边缘亮度"为20、"平滑度"为3,如图8-22所示,效果如图8-23所示。

图8-22

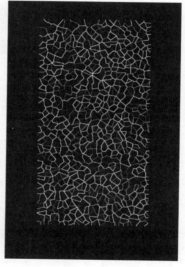

图8-23

06 切换到"通道"面板,将任意一个通道拖曳到"创建新通道"按钮 上,复制一个副本通道,然后将其命名为"裂纹",接着采用相同的方法复制出两个通道副本,分别命名为"暗部"和"亮部",如图8-24所示。

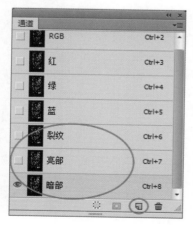

图8-24

07 选择"暗部"通道,执行"滤镜>模糊>高斯模糊"菜单命令,在弹出的"高斯模糊"对话框中设置"半径"为1.5像素,如图8-25所示,然后选择"移动工具" ,各按一次↑键和←键,效果如图8-26所示。

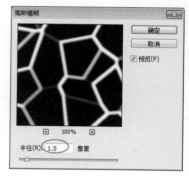

图8-25

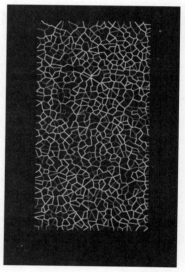

图8-26

08 选择"亮部"通道,然后按Ctrl+F组合键对其应用"高斯模糊"滤镜,接着各按一次↓键和→键,效果如图8-27所示。

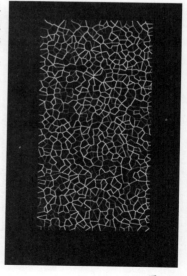

图8-27

09 单击RGB通道，然后载入"裂纹"通道的选区，如图8-28所示，效果如图8-29所示。

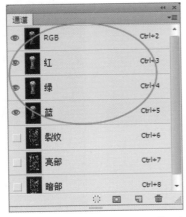

图8-28

图8-31

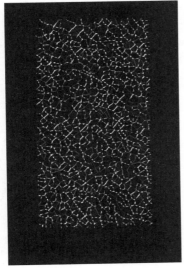

图8-29

图8-32

10 暂时隐藏"裂纹"图层，然后如图8-30所示选择"手1"图层，效果如图8-31所示，接着按若干次Delete键，删除选区内的像素，效果如图8-32所示。

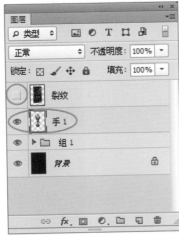

图8-30

11 载入"暗部"通道的选区，然后执行"图像>调整>亮度/对比度"菜单命令，接着在弹出的"亮度/对比度"对话框中设置"亮度"为-150，如图8-33所示，效果如图8-34所示。

图8-33

图8-34

图8-36

[12] 载入"亮部"通道的选区，然后执行"图像>调整>亮度/对比度"菜单命令，接着在弹出的"亮度/对比度"对话框中设置"亮度"为150，效果如图8-35所示。

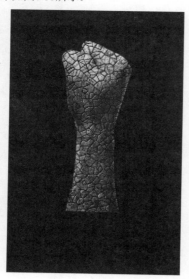

图8-35

图8-37

8.1.3 修饰裂纹效果

[01] 选择"手1"图层，然后使用"多边形套索工具" [☑] 按照裂纹的走向勾勒出选区，如图8-36所示，接着使用"移动工具" [▸⊕] 将选区内的像素放在合适的位置，如图8-37所示。

[02] 继续使用"多边形套索工具" [☑] 按照裂纹的走向勾选出选区，如图8-38所示，然后使用"移动工具" [▸⊕] 将其放在合适的位置，如图8-39所示。

图8-38

图8-39

03 按Ctrl+T组合键进入自由变换状态，然后按照如图8-40所示将其旋转一定角度，使效果更加逼真。

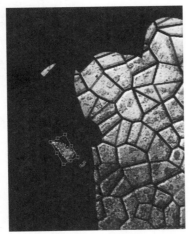

图8-40

04 继续勾勒一个处于即将脱落状态的碎片效果，如图8-41所示。

图8-41

05 按Ctrl+T组合键使选区内的像素处于自由变换状态，接着将变换中心点拖曳到定界框底部的右下角，如图8-42所示，最后将其旋转一定角度，如图8-43所示。

图8-42

图8-43

06 采用相同的方法制作出其他的碎片脱落效果，如图8-44所示。

图8-44

07 继续使用"多边形套索工具" 按照底部裂纹的走向勾选出选区，如图8-45所示，然后按Delete键删除选区中的像素，效果如图8-46所示。

图8-45

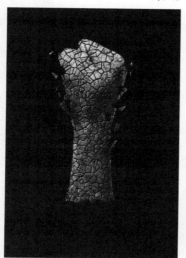

图8-46

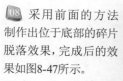
采用前面的方法
制作出位于底部的碎片
脱落效果，完成后的效
果如图8-47所示。

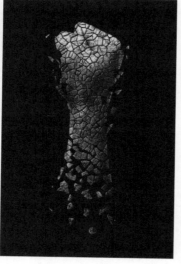

图8-47

8.1.4 制作背景特效

01 在"背景"图层的上一层新建一个"云彩"图层，然后执行"滤镜>渲染>云彩"菜单命令，效果如图8-48所示。

图8-48

02 按Ctrl+T组合键进入自由变换状态，然后按住Shift+Ctrl+Alt组合键拖曳左上角或右上角的定界点，将云彩进行梯形变换，如图8-49所示。

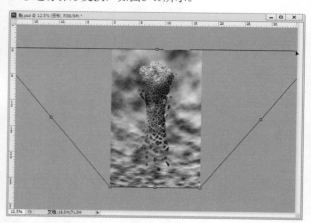

图8-49

03 确定"云彩"图层为当前图层，在"图层"面板下方单击"添加图层蒙版"按钮 ，为该图层添加一个图层蒙版，如图8-50所示。

04 选择"画笔工具" ，然后在选项栏中设置"不透明度"为50%，接着使用黑色画笔在蒙版中涂抹，将云彩涂抹成深邃的效果，如图8-51所示，效果如图8-52所示。

图8-50

图8-51

图8-52

图8-53

图8-54

06 最后使用"横排文字工具"[T]输入装饰文字，最终效果如图8-55所示。

图8-55

05 在"云彩"图层的上一层创建一个"色相/饱和度"调整图层，然后在"属性"面板中勾选"着色"选项，接着设置"色相"为142、"饱和度"为12，如图8-53所示，效果如图8-54所示。

8.2 火

本例设计的"火"特效效果。
实例位置：光盘>实例文件>CH08>8.2.psd
难易指数：★★☆☆☆
技术掌握：掌握"火"特效的设计思路与方法

8.2.1 确定画面色调

01 启动Photoshop CS6，按Ctrl+N组合键新建一个
"火"文件，具体参数设置如图8-56所示。

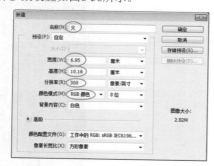

图8-56

02 打开"渐变编辑器"对话框，然后设置第1个色
标的颜色为黑色、第2个色标的颜色为（R:59，G:79，
B:99），如图8-57所示，接着在"背景"图层中从上向
下填充线性渐变，效果如图8-58所示。

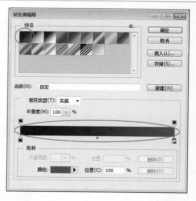

图8-57

图8-58

03 打开光盘中的"光盘>素材文件>CH04>素材05-3.jpg"
文件，并将新生成的图层命名为"手"，如图8-59所示，然后
使用"魔棒工具" 删除白色背景，如图8-60所示。

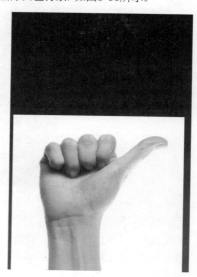

图8-59

图8-60

图8-63

04 创建一个"色相/饱和度"调整图层，然后在"属性"面板中设置"色相"为-180、"饱和度"为-40、"明度"为-40，如图8-61所示，接着按Ctrl+Alt+G组合键将其设置为"手"图层的剪贴蒙版，如图8-62所示，效果如图8-63所示。

图8-61

05 创建一个"亮度/对比度"调整图层，然后在"属性"面板中设置"亮度"为-20、"对比度"为100，如图8-64所示，接着按Ctrl+Alt+G组合键将其设置为"手"图层的剪贴蒙版，如图8-65所示，效果如图8-66所示。

图8-64

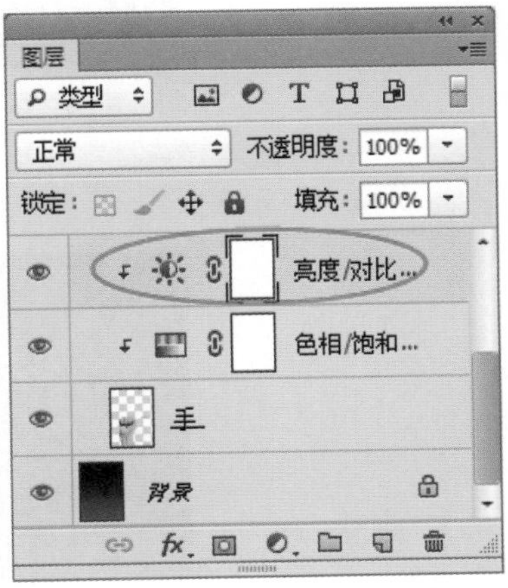

图8-62

图8-65

图8-66

8.2.2 制作火焰特效

01 新建一个"火"图层，然后使用白色"画笔工具" ✍ 在手上单击，绘制出制作火焰需要的像素，如图8-67所示。

图8-67

02 执行"图像>图像旋转>90度（逆时针）"菜单命令，效果如图8-68所示。

图8-68

03 执行"滤镜>风格化>风"菜单命令，然后在弹出的"风"对话框中设置"方法"为"风"、"方向"为"从右"，如图8-69所示，效果如图8-70所示。

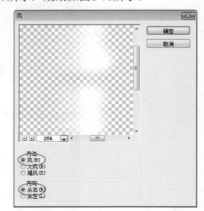

图8-69

图8-70

04 执行"图像>图像旋转>90度（顺时针）"菜单命令，效果如图8-71所示。

图8-71

05 打开"渐变编辑器"对话框，，然后设置第1个色标的颜色为（R:72，G:72，B:72）、第2个色标的颜色为（R:167，G:167，B:167），如图8-72所示，接着在"图层"面板中单击"锁定透明像素"按钮 ▣，锁定"火"图层的透明像素，如图8-73所示，最后在火焰上从上向下填充线性渐变色，效果如图8-74所示。

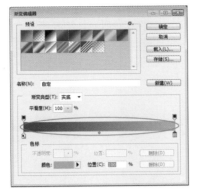

图8-72

图8-73

图8-74

如果不锁定"火"图层的透明像素，则填充渐变时会填充整个"火"图层；锁定"火"图层的透明像素以后，填充的渐变就只针对火效果的不透明区域。

06 按Ctrl+U组合键打开"色相/饱和度"对话框，然后勾选"着色"选项，接着设置"饱和度"为80，如图8-75所示，效果如图8-76所示。

图8-75

图8-76

07 按Ctrl+J组合键复制一个"火副本"图层，并设置该图层的"混合模式"为"滤色"，如图8-77所示，然后按Ctrl+U组合键打开"色相/饱和度"对话框，接着勾选"着色"选项，最后设置"色相"为50、"饱和度"为80，如图8-78所示，效果如图8-79所示。

图8-77

271

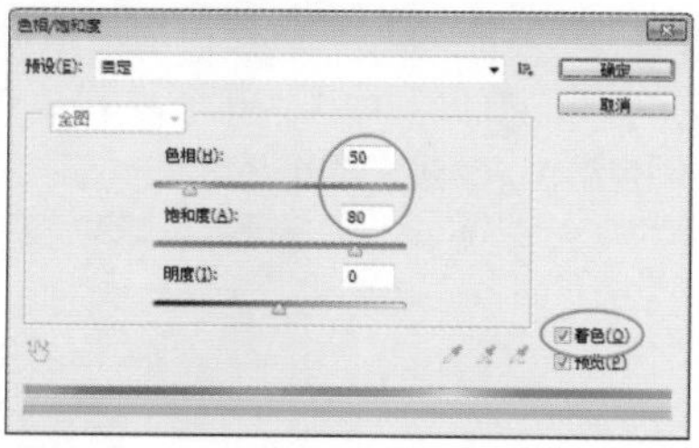

图8-78

图8-79

08 按Ctrl+E组合键将"火"图层和"火副本"图层合并为一个"火"图层,然后执行"滤镜>模糊>高斯模糊"菜单命令,接着在弹出的"高斯模糊"对话框中设置"半径"为8像素,如图8-80所示,效果如图8-81所示。

图8-80

图8-81

09 执行"滤镜>液化"菜单命令,打开"液化"对话框,然后设置"画笔大小"为200、"画笔压力"为100,如图8-82所示,接着使用"向前变形工具" 将火焰涂抹成如图8-83所示的形状。

图8-82

图8-83

10 确定当前图层为"火"图层,在"图层"面板下方单击"添加图层蒙版"按钮 ,为该图层添加一个图层蒙版,如图8-84所示。

图8-84

11 使用黑色"画笔工具" 在蒙版中涂去多余的火

苗，效果如图8-85所示。

图8-85

12 设置"火"图层"混合模式"为"滤色"，并锁定该图层的透明像素，如图8-86所示，效果如图8-87所示。

图8-86

图8-87

13 按Ctrl+J组合键复制一个"火副本"图层，并将其更名改为"火+蓝色"图层，然后设置该图层的"混合模式"为"正常"，如图8-88所示。

图8-88

14 设置前景色为（R: 30，G:120，B:255），然后选择"画笔工具"，并在选项栏中设置"不透明度"为30%，最后绘制出火焰的内焰，效果如图8-89所示。

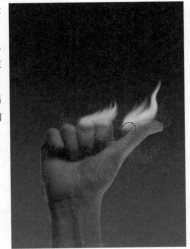

图8-89

15 选择"火+蓝色"图层的蒙版，然后使用黑色"画笔工具"在蒙版中涂抹内焰，将其处理成半透明效果，如图8-90所示。

图8-90

16 按Ctrl+J组合键复制一个"火+蓝色副本"图层，以增强火焰效果，如图8-91所示。

图8-91

图8-93

8.2.3 调整手部受光效果

01 选择"手"图层，然后按Ctrl+J组合键复制一个"手副本"图层，并将其放在"亮度/对比度"调整图层的上一层，如图8-92所示。

图8-92

图8-94

02 创建一个"色相/饱和度"调整图层，然后在"属性"面板中设置"色相"为30，如图8-93所示，接着按Ctrl+Alt+G组合键将该图层设置为"手副本"图层的剪贴蒙版，如图8-94所示，效果如图8-95所示。

03 为"手副本"图层添加一个图层蒙版，然后用黑色填充该蒙版，接着选择"画笔工具" ✓，并在选项栏中设置"不透明度"为20%，最后使用白色画笔在受光部位涂抹，如图8-96所示，效果如图8-97所示。

图8-95

图8-96

图8-98

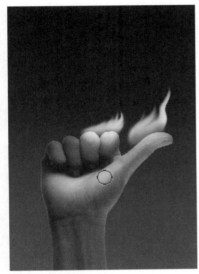

图8-97

图8-99

　　使用调整图层配合蒙版来改变光源方向的方法，操作虽
然不算复杂，但是对物体结构却需要有较深刻的理解，要根
据物体结构来分析出物体的受光区域与背光区域，这样才能
使光感达到真实的效果。

8.2.4 制作烟雾特效

01 打开光盘中的"光盘>素材文件>CH04>素材05-4.jpg"
文件，并将新生成的图层命名为"烟雾"，如图8-98
所示。

02 执行"图层>图层样式>混合选项"菜单命令，打开
"图层样式"对话框，然后按住Alt键单击"本图层"的
黑色滑块，将其分开，并分别将这两个分开的滑块拖曳
到如图8-99所示的位置，效果如图8-100所示。

图8-100

03 为"烟雾"图层添加一个图层蒙版，然后选择"画
笔工具" ☑，并在选项栏中设置"不透明度"为30%，
接着使用黑色画笔在蒙版中将烟雾涂抹成如图8-101所示
的效果，此时的蒙版效果如图8-102所示。

图8-101

图8-104

图8-102

图8-105

04 创建一个"色相/饱和度"调整图层，然后在"属性"面板中勾选"着色"选项，接着设置"色相"为206、"饱和度"为21，如图8-103示，最后按Ctrl+Alt+G组合键将其设置为"烟雾"图层的剪贴蒙版，如图8-104所示，效果如图8-105所示。

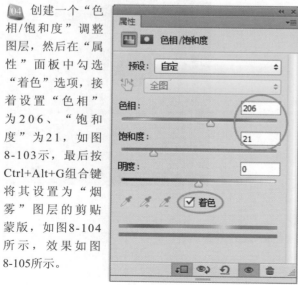

图8-103

05 使用"横排文字工具" T 输入装饰文字，最终效果如图8-106所示。

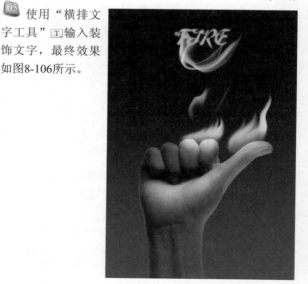

图8-106

8.3 电

本例设计的"电"特效效果。

实例位置：光盘>实例文件>CH08>8.3.psd
难易指数：★★☆☆☆
技术掌握：掌握"电"特效的设计思路与方法

图8-108

8.3.1 确定画面色调

01 启动Photoshop CS6，按Ctrl+N组合键新建一个"电"文件，具体参数设置如图8-107所示。

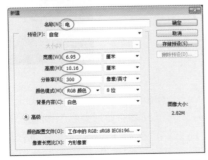

图8-107

02 用黑色填充"背景"图层，然后导入光盘中的"光盘>素材文件>CH04>素材05-5.jpg"文件，并将新生成的图层命名为"手"，接着用"魔棒工具" 删除白色背景，效果如图8-108所示。

03 创建一个"色相/饱和度"调整图层，然后在"属性"面板中设置"色相"为-90、"饱和度"为-21、"明度"为-50，如图8-109所示，接着按Ctrl+Alt+G组合键将其设置为"手"图层的剪贴蒙版，如图8-110所示，效果如图8-111所示。

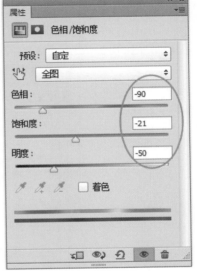

图8-109

图8-110

277

图8-111

图8-114

04 创建一个"亮度/对比度"调整图层，然后在"属性"面板中设置"亮度"为19、"对比度"为100，如图8-112所示，接着按Ctrl+Alt+G组合键将其设置为"手"图层的剪贴蒙版，如图8-113所示，效果如图8-114所示。

图8-112

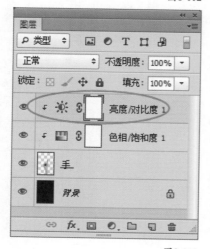

图8-113

8.3.2 制作闪电特效之一

01 按Ctrl+N组合键新建一尺寸为1000像素×1350像素、"分辨率"为300像素/英寸的文档，然后使用黑色"画笔工具" ✐ 绘制出闪电的走向，如图8-115所示。

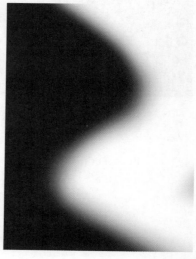

图8-115

02 按Ctrl+J组合键复制一个"背景副本"图层，然后执行"滤镜>渲染>分层云彩"菜单命令，效果如图8-116所示，接着按Ctrl+I组合键将图像进行反相处理，效果如图8-117所示。

03 执行"图像>调整>亮度/对比度"菜单命令，然后在弹出的"亮度/对比度"对话框中设置"亮度"为-150、"对比度"为100，如图8-118所示，效果如图8-119所示。

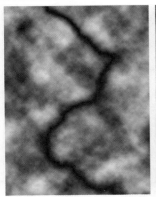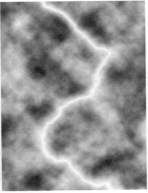

图8-116 图8-117

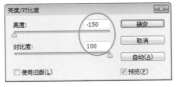

图8-118

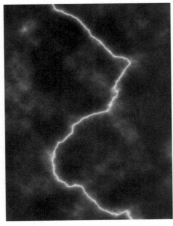

图8-119

04 继续执行"图像>调整>亮度/对比度"菜单命令,并在弹出的"亮度/对比度"对话框中设置"亮度"为-50、"对比度"为100,效果如图8-120所示。

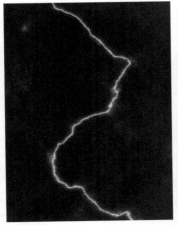

图8-120

05 将"背景副本"图层拖曳到手特效的文档中,并将新生成的图层命名为"电1",然后设置该图层的"混合模式"为

"滤色",如图8-121所示,效果如图8-122所示。

图8-121

图8-122

06 按Ctrl+T组合键进入自由变换状态,然后按住Shift键向上拖曳定界框的边控制点,将其等比例缩小到如图8-123所示的大小。

07 为"电1"图层添加一个图层蒙版,然后使用黑色"画笔工具" 在蒙版中将闪电处理成如图8-124所示的效果,此时的蒙版效果如图8-125所示。

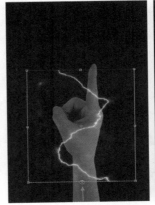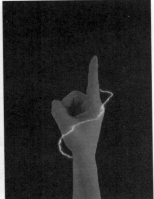

图8-123 图8-124

图8-125

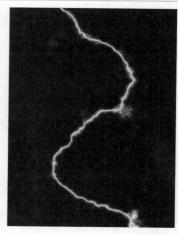

图8-129

08 切换到制作闪电的操作界面,隐藏"背景副本"图层,然后选择"背景"图层,接着执行"滤镜>渲染>分层云彩"菜单命令,效果如图8-126所示,最后按Ctrl+I组合键将图像进行反相处理,效果如图8-127所示。

专家点拨

在上一次制作闪电效果时用了两次"亮度/对比度"命令,而这里只用了一次"色阶"命令,但获得的效果都是差不多的。

8.3.3 制作闪电特效之二

01 将"背景"图层拖曳到制作手特效的文档中,并将新生成的图层命名为"电2",然后设置该图层的"混合模式"为"滤色",如图8-130所示,效果如图8-131所示。

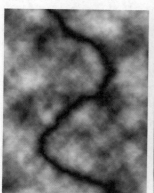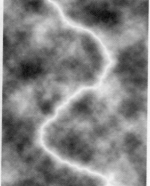

图8-126   图8-127

专家点拨

在Photoshop CS6中,"分层云彩"滤镜和"云彩"滤镜产生的效果是随机的,所以每次执行这两种滤镜产生的效果都不一样。

09 执行"图像>调整>色阶"菜单命令,然后在弹出的"色阶"对话框中设置"输入色阶"为(155,0.23,255),如图8-128所示,效果如图8-129所示。

图8-130

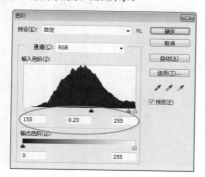

图8-128

图8-131

02 按Ctrl+T组合键进入自由变换状态，然后按住Shift键向下拖曳定界框的边控制点，将其等比例缩小到如图8-132所示的大小。

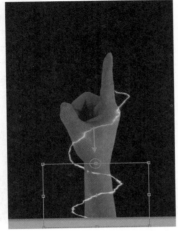

图8-132

03 为"电2"图层添加一个图层蒙版，然后使用黑色"画笔工具" ☑ 在蒙版中将闪电处理成如图8-133所示的效果，此时的蒙版效果如图8-134所示。

图8-133

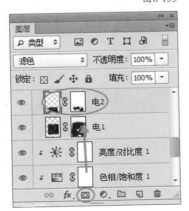

图8-134

8.3.4 制作闪电特效之三

01 按Ctrl+N组合键新建一尺寸为500像素×500像素、"分辨率"为300像素/英寸的文档，然后使用黑色"画笔工具" ☑ 绘制出闪电的走向，如图8-135所示。

图8-135

专家点拨

在这个步骤中，若使用原来的图像大小制作闪电选区，所得的闪电选区效果会过于明显，若将太大的闪电拖曳到制作手特效的文档中，再使用自由变换功能将其缩小，虽然可以使闪电整体缩小，但闪电会太偏细，这样就会与先前制作的闪电脱节。

02 执行"滤镜>渲染>分层云彩"菜单命令，效果如图8-136所示，然后按Ctrl+I组合键将闪电进行反相处理，效果如图8-137所示。

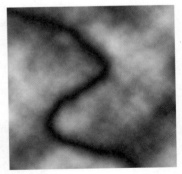

图8-136

图8-137

03 按Ctrl+L组合键打
开"色阶"对话框，然
后设置"输入色阶"为
（164，0.27，255），如图
8-138所示的设置，效果
如图8-139所示。

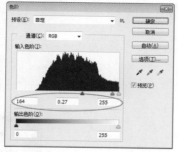

图8-138

05 按Ctrl+T组合键进入自由变换状态，然后按照如图
8-142所示进行旋转变换。

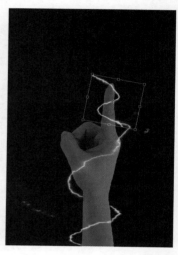

图8-142

06 为"电3"图层添加一个图层蒙版，然后使用黑色
"画笔工具" 在蒙版中将闪电处理成如图8-143所示的
效果，此时的蒙版效果如图8-144所示。

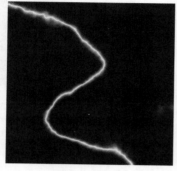

图8-139

04 将"背景"图层拖
曳到制作手特效的文
档中，并将新生成的图
层命名为"电3"，然后
设置该图层的"混合
模式"为"滤色"，如图
8-140所示，效果如图
8-141所示。

图8-140

图8-143

图8-141

图8-144

07 暂时隐藏"手"图层，效果如图8-145所示，然后载入"蓝"通道的选区，效果如图8-146所示。

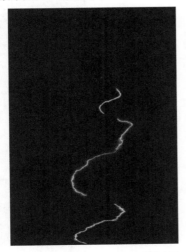

图8-145

图8-146

08 新建一个"闪电发光"图层，然后用白色填充选区，接着显示"手"图层，效果如图8-147所示。

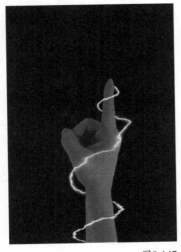

图8-147

09 确定当前图层为"闪电发光"图层，执行"图层>图层样式>外发光"菜单命令，打开"图层样式"对话框，然后设置发光颜色为（R:0，G:50，B:255）、"大小"为6像素，如图8-148所示，效果如图8-149所示。

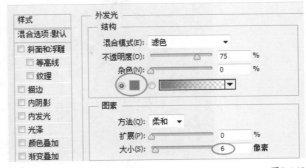

图8-148

图8-149

10 在"图层样式"对话框中单击"投影"样式，然后设置阴影颜色为（R:0，G:50，B:255），接着设置"混合模式"为"变亮"、"不透明度"为100%、"距离"为0像素、"大小"为13像素，具体参数设置如图8-150所示，效果如图8-151所示。

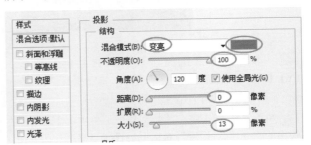

图8-150

283

图8-151

8.3.5 制作背景特效

01 新建一个"球"图层，然后使用"椭圆工具" 绘制一个如图8-152所示的椭圆路径。

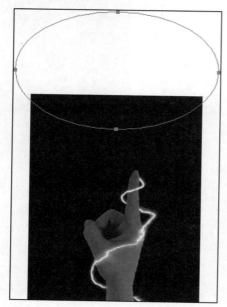

图8-152

02 按D键还原默认的前景色和背景色，然后按Ctrl+Enter组合键载入路径的选区，接着执行"滤镜>渲染>云彩"菜单命令，效果如图8-153所示。

03 执行"图像>调整>亮度/对比度"菜单命令，然后在弹出的"亮度/对比度"对话框中设置"亮度"为-110，如图8-154所示，效果如图8-155所示。

图8-153

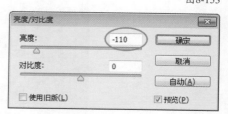

图8-154

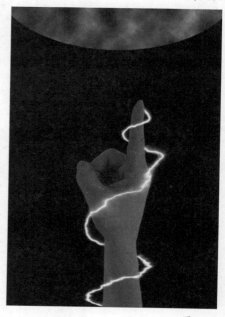

图8-155

04 选择"减淡工具" ，然后在选项栏中设置"大小"为260像素，接着选择椭圆路径，最后在"路径"面板下单击若干次"用画笔描边路径"按钮 ，效果如图8-156所示。

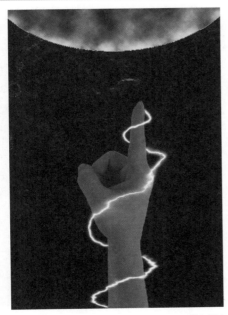

图8-156

图8-158

05 取消对椭圆路径的选择，然后继续使用"减淡工具" ⚫ 在"球"图层的底部涂抹出亮部，效果如图8-157所示。

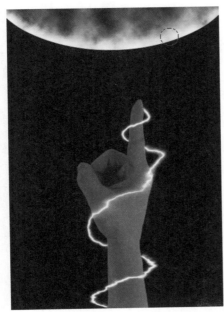

图8-157

图8-159

06 按Ctrl+J组合键复制一个"球副本"图层，然后使用"涂抹工具" 🖐 将其涂抹成如图8-158所示的效果。

07 创建一个"色相/饱和度"调整图层，然后在"属性"面板中勾选"着色"选项，接着设置"色相"为220、"饱和度"为40，如图8-159所示，最后按Ctrl+Alt+G组合键将其设置为"球副本"的剪贴蒙版，如图8-160所示，效果如图8-161所示。

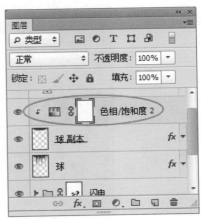

图8-160

图8-161

09 选择"球"图层,然后执行"滤镜>液化"菜单命令,打开"液化"对话框,接着使用"向前变形工具"▧将其涂抹成如图8-164所示的形状,效果如图8-165所示。

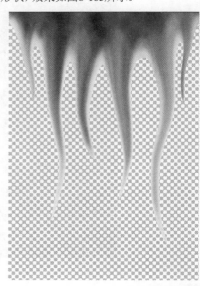

图8-164

08 为"球副本"图层添加一个"外发光"样式,然后设置发光颜色为(R:150,G:120,B:255),接着设置"大小"为169像素,如图8-162所示,效果如图8-163所示。

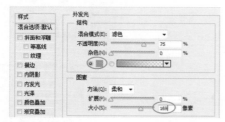

图8-162

图8-165

10 为"球"图层添加"外发光"样式,然后设置"不透明度"为60%、发光颜色为(R:0,G:60,B:255)、"大小"为65像素,如图8-166所示,效果如图8-167所示。

图8-163

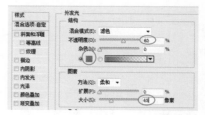

图8-166

图8-167

11 将"球"图层放在"背景"图层的上一层,然后设置该图层的"填充"为0%,如图8-168所示,效果如图8-169所示。

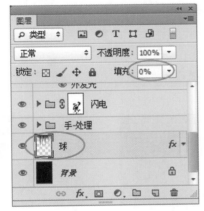

图8-168

图8-169

12 按Ctrl+T组合键进入自由变换状态,然后按住Shift键向下拖曳定界框的边控制点,将其等比例放大到如图8-170所示的大小。

图8-170

13 在"手"图层的上一层创建一个"色彩平衡"调整图层,然后在"属性"面板中设置"青色-红色"为33、"洋红-绿色"为32、"黄色-蓝色"为100,如图8-171所示,接着按Ctrl+Alt+G组合键将其设置为"手"图层的剪贴蒙版,如图8-172所示,效果如图8-173所示。

14 使用"横排文字工具" ⊤ 输入装饰文字,最终效果如图8-174所示。

图8-171

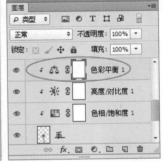

图8-172

图8-173

图8-174

287

8.4 课后练习：冰

本例设计的"冰"效果。

实例位置：光盘>实例文件>CH08>8.4.psd
难易指数：★★★☆☆
技术掌握：掌握"冰"的设计思路与方法

步骤分解如图8-175所示。

绘制冰冻效果

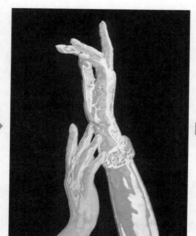

制作融化特效

添加背景元素

图8-175

8.5 本章小结

　　本章制作了各种写实的材质表现作品，充分利用了Photoshop的滤镜、图层混合模式、图层样式以及通道，制作出了逼真的材质特效效果。本章需要重点掌握的是各种基本造型工具、滤镜、图层混合模式和图层样式等的应用。相信通过本章的学习，读者可充分了解并掌握Photoshop制作材质的各种使用方法以及操作技巧。